武汉大学学术丛书
自然科学类编审委员会

主任委员 刘经南

副主任委员 卓仁禧　李文鑫　周创兵

委员（以姓氏笔画为序）

文习山　石　兢　宁津生　刘经南
李文鑫　李德仁　吴庆鸣　何克清
杨弘远　陈　化　陈庆辉　卓仁禧
易　帆　周云峰　周创兵　庞代文
谈广鸣　蒋昌忠　樊明文

武汉大学学术丛书
社会科学类编审委员会

主任委员 顾海良

副主任委员 胡德坤　黄　进　周茂荣

委员（以姓氏笔画为序）

丁俊萍　马费成　邓大松　冯天瑜
汪信砚　沈壮海　陈庆辉　陈传夫
尚永亮　罗以澄　罗国祥　周茂荣
於可训　胡德坤　郭齐勇　顾海良
黄　进　曾令良　谭力文

秘书长 陈庆辉

邵振峰 男,1976年生,2004年获得武汉大学摄影测量与遥感专业博士学位,师从李德仁院士,2005年破格为武汉大学副教授,一直从事城市遥感和城市信息科学的科研和教学工作。作为主要成员先后完成了多项遥感领域的973、863、国家自然科学基金和三维重建国际合作项目,主持完成了多个城市面向不同行业的遥感应用项目。自2005年以来一直主讲武汉大学遥感科学与技术专业"城市遥感"课程。2003年荣获"王之卓创新人才"一等奖,博士学位论文"基于航空立体影像对的人工目标提取与三维重建"获2005年湖北省优秀博士学位论文奖,现正从事数字城市和影像城市共享平台的研发工作。

武汉大学学术丛书
Wuhan University Academic Library

城市遥感

邵振峰 编著

武汉大学出版社
WUHAN UNIVERSITY PRESS

图书在版编目(CIP)数据

城市遥感/邵振峰编著.—武汉：武汉大学出版社,2009.11(2013.7重印)

武汉大学学术丛书
　ISBN 978-7-307-07410-1

Ⅰ.城… Ⅱ.邵… Ⅲ.城市环境—环境遥感 Ⅳ.X87

中国版本图书馆 CIP 数据核字(2009)第 194701 号

责任编辑：王金龙　　责任校对：王　建　　版式设计：支　笛

出版发行：武汉大学出版社　(430072　武昌　珞珈山)
　　　　　(电子邮件：cbs22@whu.edu.cn　网址：www.wdp.com.cn)
印刷：武汉中远印务有限公司
开本：720×1000　1/16　印张：17.5　字数：248 千字　插页：3
版次：2009 年 11 月第 1 版　　2013 年 7 月第 3 次印刷
ISBN 978-7-307-07410-1/X·26　　定价：38.00 元

版权所有,不得翻印；凡购我社的图书,如有质量问题,请与当地图书销售部门联系调换。

序

《城市遥感》这部专著即将问世了，我有幸先睹一遍。作者曾经在遥感领域随我攻读博士学位，毕业后一直从事城市遥感和城市信息科学的科研和教学工作。作者自2004年以来，一直担任武汉大学遥感新专业城市遥感课程的主讲老师，在自编教材的基础上，提炼出这本专著。

21世纪是空间时代和信息社会的新世纪。为了迎接新世纪的挑战和机遇，城市化仍在加速地进行，城市化问题在社会经济持续发展中更加突出。在节约能源、控制水污染、缓解热岛效应、提高绿带成活率及清洁生产、文明施工等现代化城市的动态监测与管理中，遥感将发挥更加重要的作用，并将成为规划决策与工程管理部门的常规技术和规范化业务。行业部门需要了解遥感究竟从哪些方面可以为他们提供信息服务，工程部门需要搞清楚遥感应用的方法、程序和数据精度。可以说，了解城市遥感的理论与方法，对提高城市管理水平和监管效率，是事半功倍的最佳选择。

正如作者指出的那样，十多年来我国城市遥感的经验十分丰富，技术方法逐步走向成熟，应用需求十分旺盛。本书对城市遥感影像的特点、数据处理与操作程序、分析方法等作了较深入的探讨，并具体应用于城市目标解译、特征提取、三维重建、变化检测、精细化管理、城市规划和生态环境等的动态监测中。内容深入浅出,便于阅读,也可以实际操作;是基础性的研究成果,也是实用性的技术指南。无论对于希望了解城市遥感的教学、科研工作者,或是工程人员都是一部值得推荐的佳作。

  希望通过本书的出版,能与广大读者和相关专业大学生产生交流和沟通,以促进我国城市信息化的发展。

李德仁
2009 年 10 月

前 言

城市的发展，一方面为人类生产生活带来了极大的便利，并造就了现代社会文明和经济繁荣；另一方面剧烈地改变着原有的城市自然环境，并带来了一系列矛盾和问题：人地矛盾突出、城市环境污染、大气污染、水资源匮乏和生物多样性丧失等，使城市环境问题成为当今世界所面临的人口、资源与环境三大问题中的重要内容。因此，如何采取合理有效的措施对城市环境进行监测和治理并实现城市的可持续发展，成为人类亟待解决的问题之一。随着遥感技术在城市地区应用成果的日益丰硕及理论研究的不断深入，遥感技术的一个新的应用领域——"城市遥感"便应运而生。

我国目前的城市总数已达570座，其中15%（主要为大中城市，约90座）的城市自20世纪80年代已相继开展了航空遥感调查工作，并进行了城市遥感综合信息的开发与应用。近20年来的工作证明，城市遥感无论在理论上还是在技术上都日趋成熟，城市遥感技术及由它支持的城市遥感信息系统在城市的规划、监测和管理中已经占有愈来愈重要的地位。遥感以其快速、准确和实时地获取资源环境状况及其变化数据的优越性，成为城市建设和城市环境监测的主要手段。

城市遥感是遥感技术在城市建设各领域的具体应用,涉及遥感影像获取、预处理、数据存储和管理、信息提取、专题图制作、网络传输、与 GIS 的集成应用等过程,是一个从遥感数据到城市空间信息到城市管理知识的一体化处理和应用过程。

为了满足城市各领域建设对遥感新技术的要求,本书重点阐述在解决城市建设的具体问题中进一步学习遥感影像处理的基本理论方法,进一步巩固遥感影像的应用。让读者感受在城市建设的实践中运用所学的遥感学科的知识,解决实际问题,适应科学技术发展的迫切性。本书是按照遥感在城市中的不同应用领域为线索组织编写的。主要内容包括城市遥感基础、城市遥感传感器和遥感平台、城市遥感影像解译与判读、城市遥感影像分类、城市线状地物的提取、城市基础空间数据更新、城市人工目标的三维重建、城市目标的变化检测、城市地质遥感监测、遥感在城市规划中的应用、遥感在城市环境监测中的应用、遥感在城市数字园林中的应用、城市遥感影像分类和遥感在未来城市发展中的应用前景等 17 章。

第 1 章介绍城市遥感基础,重点阐述遥感物理基础、遥感影像的获取模式,城市遥感影像特性,城市遥感影像处理基础。

第 2 章介绍城市遥感传感器和遥感平台。作者介绍了两类主要的传感器:被动传感器和主动传感器;遥感平台则主要介绍了地面、航空和航天三类。探讨了城市遥感数据选择标准。

第 3 章围绕城市遥感影像解译与判读,从介绍城市遥感影像解译标志出发,总结了目视解译和数字解译的区别,阐述了城市遥感影像解译的基本框架和判读流程,归纳城市主要目标的影像特性,剖析了高分辨率卫星遥感影像半自动判读方法,并就遥感影像判读中影像如何超分辨率处理这一关键环节进行了详细介绍。

第 4 章介绍城市遥感影像分类,作者剖析了遥感影像的三种理解模式,重点阐述了城市遥感影像的非监督分类方法、监督分类方法和新型分类方法。

第 5 章讲述城市线状地物的提取。从分析城市线状地物的特性出发,介绍了城市线状地物的提取方法和提取流程,重点论述遥感影像上城市道路、城市铁路和立交桥的提取方法。

第 6 章是基于遥感影像的城市基础数据更新，作者从城市基础空间数据更新的需求出发，讲述了从基于地面测量的更新方法到基于遥感技术的城市空间基础空间数据更新方法，归纳了基于遥感影像的城市空间基础空间数据生产和更新流程，并详细阐述了基于航空影像的城市基础空间数据更新实例和基于实景影像的城市基础部件更新实例。

第 7 章是城市目标的三维重建，本章针对不同类型人工目标，介绍了不同的三维重建方法和流程，重点阐述了简单房屋、复杂房屋和立交桥的三维重建方法，随后介绍了基于三维激光扫描技术的城市古建筑三维重建新方法，并探讨了三维重建的质量控制策略。

第 8 章是城市目标的变化检测，具体分析了城市人工目标像素级检测、特征级检测和整体检测的各种方法，重点阐述了城市典型目标变化检测方法。

第 9 章讲述城市遥感影像检索，主要探讨了基于纹理特征的城市遥感影像检索方法和基于多目标空间方位关系的城市遥感影像检索方法。

第 10 章首先介绍了城市遥感影像融合的常规方法，探讨了基于多尺度几何分析和基于空间-光谱投影算法的融合新方法，并用实验结果示例验证了各类方法的效果。最后，归纳了城市遥感影像融合的定性和定量质量评价方法。

第 11 章主要介绍城市遥感专题图的概念定义、分类和特征，总结了城市遥感专题图的制作问题，并重点探讨了几种典型类型的城市遥感专题图及其制作过程。

第 12 章是城市数字园林遥感应用，本章探讨遥感在数字园林建设过程中的业务流程和数据流程，用实例阐释了具体的数字园林遥感应用系统的建设。

第 13 章是城市地质遥感监测，本章以遥感在城市地质监测中的应用方法和流程为主线，重点介绍城市地质灾害体遥感信息的分类与提取，并剖析了具体应用系统建设的内容。

第 14 章是城市市政精细化管理遥感应用，作者对比探讨了基于电子地图的城市市政精细化管理方法和基于遥感影像的城市网格化管理与服务方法。

第 15 章阐述遥感技术在城市规划中的应用,介绍遥感技术在城市规划中的应用现状和内容,分析遥感技术用于城市规划动态监管的框架和步骤,并展望了城市规划动态监测信息系统建设。

第 16 章是遥感技术在城市环境监测中的应用,本章重点分析遥感在城市水资源监测、大气环境监测、热岛效应监测中的应用,并展望了面向服务架构的城市生态环境遥感监测网。

第 17 章是遥感技术在未来城市发展中的应用前景,介绍遥感传感器的发展方向,展望遥感技术在城市中的新的应用领域。

本书采用图文并茂的方式,以大量的算法研究作为直观素材,便于启发读者的思维,把读者引导到具体的应用研究领域。

由于城市遥感在我国城市发展中的应用时间还不长,可供参考的资料有限。为了确保本书的基础技术体系及相关应用流程的完整,本书对编者承担的城市各领域遥感应用项目以及相关国际合作项目的成果和经验进行了总结。具体资助项目包括:国家 973 项目"遥感几何物理成像模型与一体化求解方法(No.2004CB318206)";国家 863 项目"基于遥感数据的航行情报应用技术(No.2006AA12A115)";测绘基金项目"基于空间信息网格的基础数据更新与服务"(No.1469990711111)。

感谢李德仁院士欣然为本书作序,感谢武汉大学出版社王金龙编辑的认真审稿并提出了宝贵的修改意见。

本书作者原则上力求系统全面,但由于受时间和作者水平之限,书中难免存在缺点和不足之处,敬请读者批评指正!

作者
2009 年 11 月

目 录

第 1 章　城市遥感基础 ································· 1
　1.1　城市遥感物理基础 ······························· 1
　1.2　遥感影像的获取模式 ···························· 5
　1.3　城市遥感影像特性 ······························· 6
　1.4　城市遥感影像处理基础 ························· 8

第 2 章　城市遥感传感器和遥感平台 ············ 10
　2.1　城市遥感传感器 ································· 10
　　2.1.1　被动遥感传感器 ························· 11
　　2.1.2　主动遥感传感器 ························· 13
　2.2　城市遥感平台 ···································· 14
　　2.2.1　地面遥感平台 ····························· 15
　　2.2.2　航空遥感平台 ····························· 16
　　2.2.3　航天遥感平台 ····························· 16
　2.3　城市遥感数据选择标准 ······················· 17

第 3 章　城市遥感影像解译与判读 ··············· 19
　3.1　城市遥感影像解译标志 ······················· 19

3.2 城市遥感影像的目视解译 ……………………………………… 24
3.3 城市遥感影像数字解译 ………………………………………… 24
3.4 城市遥感影像解译与判读的基本框架 ………………………… 25
3.5 城市主要地物目标特性 ………………………………………… 26
　　3.5.1 城市房屋影像特征 ……………………………………… 26
　　3.5.2 城市道路影像特征 ……………………………………… 27
　　3.5.3 城市绿地影像特征 ……………………………………… 28
　　3.5.4 城市水体影像特征 ……………………………………… 29
3.6 城市遥感影像数字判读方法 …………………………………… 31
　　3.6.1 人工目视判读 …………………………………………… 31
　　3.6.2 人机交互判读 …………………………………………… 32
　　3.6.3 自动判读 ………………………………………………… 35
3.7 城市遥感影像数字判读流程 …………………………………… 35
3.8 城市遥感影像的超分辨率重建 ………………………………… 37

第 4 章　城市遥感影像分类 ………………………………………… 41
4.1 遥感影像的三种理解模式 ……………………………………… 41
4.2 城市遥感影像非监督分类方法 ………………………………… 43
　　4.2.1 k 均值分类 …………………………………………… 43
　　4.2.2 ISODATA 分类 ………………………………………… 45
4.3 城市遥感影像监督分类方法 …………………………………… 48
　　4.3.1 最小距离法分类 ………………………………………… 48
　　4.3.2 最大似然法分类 ………………………………………… 49
　　4.3.3 马氏距离法分类 ………………………………………… 52
4.4 城市遥感影像新型分类方法 …………………………………… 54
　　4.4.1 人工神经网络分类法 …………………………………… 54
　　4.4.2 面向对象的分类方法 …………………………………… 56

第 5 章　城市线状地物的提取 ……………………………………… 63
5.1 城市线状地物的特性 …………………………………………… 63
5.2 城市线状地物提取方法 ………………………………………… 65

  5.2.1 城市线状地物自动提取方法 …………………………… 65
  5.2.2 城市线状地物半自动提取方法 ………………………… 66
 5.3 城市线状地物提取流程 ……………………………………… 68
 5.4 城市道路的提取 ……………………………………………… 69
 5.5 城市铁路的提取 ……………………………………………… 73
 5.6 城市立交桥的提取 …………………………………………… 75

第6章 基于遥感影像的城市基础空间数据更新 ……………… 78
 6.1 城市基础空间数据更新的内容 ……………………………… 79
 6.2 从基于地面测量方法到基于遥感方法的城市基础
    空间数据更新 ………………………………………………… 80
  6.2.1 基于地面测量的更新方法 ……………………………… 80
  6.2.2 基于遥感技术的更新方法 ……………………………… 82
 6.3 基于遥感影像的城市基础空间数据生产和更新流程 …… 82
 6.4 基于遥感影像的城市基础数据更新实例 ………………… 83
  6.4.1 基于航空遥感影像的城市基础空间数据更新方法 …… 83
  6.4.2 基于实景影像的城市基础部件数据更新方法 ……… 86

第7章 城市人工目标的三维重建 …………………………………… 88
 7.1 城市简单人工目标的三维重建 ……………………………… 88
  7.1.1 简单房屋半自动重建策略 ……………………………… 89
  7.1.2 基于平差模型的简单房屋模型三维重建 …………… 90
  7.1.3 物方空间几何约束的房屋模型三维重建 …………… 94
 7.2 城市复杂房屋的三维重建 ………………………………… 101
  7.2.1 复杂房屋三维拓扑关系描述 ………………………… 101
  7.2.2 复杂房屋三维重建方法 ……………………………… 102
 7.3 城市立交桥的三维重建 …………………………………… 107
  7.3.1 基于模糊边缘检测算法的立交桥匝道边缘自动提取 … 107
  7.3.2 基于样条函数的立交桥边缘提取 …………………… 111
  7.3.3 基于核线约束的立交桥三维重建——从二维到三维 … 112
 7.4 基于激光扫描技术的城市古建筑三维重建 ……………… 114

7.5 三维重建的质量控制策略 ………………………………………… 117

第8章 城市目标的变化检测 …………………………………………… 119
8.1 城市人工目标变化检测方法 ………………………………………… 120
    8.1.1 分类比较法 ……………………………………………………… 120
    8.1.2 像素级变化检测 ………………………………………………… 122
    8.1.3 特征级变化检测 ………………………………………………… 129
    8.1.4 整体特征变化检测 ……………………………………………… 129
8.2 城市人工目标变化检测的一般流程 ………………………………… 130
8.3 城市目标变化检测及分析 …………………………………………… 131

第9章 城市遥感影像检索 ……………………………………………… 134
9.1 基于纹理特征的城市遥感影像检索 ………………………………… 135
    9.1.1 基于Gabor小波滤波器的城市遥感影像纹理特征提取 ……… 135
    9.1.2 基于树状小波分解的城市遥感影像纹理特征提取 …………… 137
    9.1.3 基于Contourlet变换的城市遥感影像纹理特征检索 ………… 138
9.2 基于多目标空间方位关系的城市遥感影像检索 …………………… 142

第10章 城市遥感影像融合 …………………………………………… 147
10.1 城市遥感影像融合的常规方法 …………………………………… 148
    10.1.1 加权融合方法 ………………………………………………… 148
    10.1.2 Brovey变换方法 ……………………………………………… 148
    10.1.3 IHS变换方法 ………………………………………………… 150
    10.1.4 PCA变换方法 ………………………………………………… 151
10.2 基于多尺度几何分析方法的城市遥感影像融合 ………………… 152
    10.2.1 小波变换方法 ………………………………………………… 152
    10.2.2 Curvelet变换方法 …………………………………………… 154
10.3 基于空间—光谱投影算法的城市遥感影像融合 ………………… 156
    10.3.1 空间投影融合算法 …………………………………………… 157
    10.3.2 光谱投影融合算法 …………………………………………… 158
10.4 城市遥感影像融合方法的质量评价 ……………………………… 160

第 11 章 城市遥感专题图 …………………………………… 162
11.1 城市遥感专题图的概念及其特点 ……………………………… 162
11.2 城市数字正射影像图的制作 …………………………………… 163
11.2.1 城市正射影像图制作难点及注意事项 ……………………… 164
11.2.2 基于航空影像的正射影像图制作 …………………………… 165
11.2.3 基于卫星影像的正射影像图制作 …………………………… 165
11.3 城市影像地图的制作 …………………………………………… 169
11.3.1 影像地图的概念 ……………………………………………… 170
11.3.2 影像地图的分类 ……………………………………………… 170
11.3.3 影像地图的特征 ……………………………………………… 171
11.3.4 影像地图的制作方法 ………………………………………… 173

第 12 章 城市数字园林遥感应用 …………………………… 176
12.1 城市数字园林遥感应用需求 …………………………………… 176
12.2 城市数字园林遥感数据获取 …………………………………… 179
12.2.1 园林数据库设计 ……………………………………………… 179
12.2.2 城市园林数据采集 …………………………………………… 180
12.3 城市园林地物分类 ……………………………………………… 184
12.4 城市数字园林遥感应用系统 …………………………………… 185

第 13 章 城市地质灾害遥感监测 …………………………… 188
13.1 利用遥感技术进行城市地质灾害监测的可行性 …………… 188
13.2 基于遥感技术的城市地质灾害体特征提取 ………………… 192
13.3 城市地质灾害遥感监测信息系统 ……………………………… 194

第 14 章 城市市政精细管理遥感应用 ……………………… 200
14.1 基于电子地图的城市市政精细管理 …………………………… 200
14.1.1 从城市 GIS 到城市网格化管理与服务 ……………………… 200
14.1.2 电子地图在城市管理中的作用及其局限性 ………………… 203
14.2 基于遥感影像的城市网格化管理与服务 ……………………… 204

14.2.1 基于正射影像的城市网格化服务 …………………………… 204
14.2.2 基于可量测实景影像的城市网格化服务 …………………… 205

第15章 遥感在城市规划中的应用 …………………………………… 208
15.1 遥感技术在城市规划中的应用现状 ………………………………… 208
15.2 遥感技术用于城市规划和建设的内容 ……………………………… 210
15.3 遥感技术在城市规划和建设中的应用框架 ………………………… 212
15.4 城市规划遥感监测应用 ……………………………………………… 213
15.5 城市规划遥感监测系统建设 ………………………………………… 216
　　15.5.1 自动提取变化信息 …………………………………………… 216
　　15.5.2 人机交互解译提取变化信息 ………………………………… 217
　　15.5.3 城市规划动态监测信息系统建设 …………………………… 218

第16章 城市环境遥感监测 …………………………………………… 222
16.1 城市水资源遥感监测 ………………………………………………… 222
　　16.1.1 城市湖泊变迁遥感监测 ……………………………………… 223
　　16.1.2 城市水质遥感监测 …………………………………………… 227
16.2 城市大气污染遥感监测 ……………………………………………… 234
16.3 城市热岛效应遥感监测 ……………………………………………… 237
16.4 面向服务架构的城市生态环境遥感监测网 ………………………… 239

第17章 遥感在未来城市发展中的应用前景 ………………………… 242
17.1 遥感传感器的发展方向 ……………………………………………… 242
17.2 遥感在城市中的新的应用领域 ……………………………………… 243
17.3 城市遥感的未来发展方向 …………………………………………… 245
　　17.3.1 城市遥感平台组网 …………………………………………… 245
　　17.3.2 城市遥感传感器组网 ………………………………………… 247
　　17.3.3 城市遥感数据组网并实现共享 ……………………………… 248
　　17.3.4 从影像地图产品到面向服务架构的影像城市共享服务 …… 253

参考文献 ……………………………………………………………………… 261

第 1 章
城市遥感基础

遥感科学与技术主要研究在一定高度观测地球表面并解译影像以获取地球上特定物体特性的科学问题、基础理论、应用方法和技术设备。遥感技术作为一门随着空间技术、无线电电子技术、光学技术、传感器技术、计算机技术以及现代通信技术的发展而发展起来的应用科学,在城市建设和城市管理中发挥着重要的技术支撑作用。本章讲述城市遥感基础,简要介绍与遥感物理基础相关的基本概念,总结当前常用的遥感器图像获取模式,分析城市遥感影像的特性,探讨城市遥感影像处理基础。

1.1 城市遥感物理基础

遥感作为一门科学技术是随着摄影技术和空间荷载技术的发展而发展起来的。1910 年怀特第一次成功地从飞机上拍摄了意大利 Centocelli 地区的航空像片,从此便开始有了航空遥感。1957 年前苏联发射了第一颗人造地球卫星,3 个月后美国也发射了一颗人造地球卫星,航天遥感便拉开了竞争的序幕。空间技术、无线电电子技术、光学技术、传感器技术、计算机技术以及现代通信技术的发展,客观上了推动了遥感技术的飞速发展。伴随着遥感技术在城市各领域的应用推广和普及，城市遥感作为一门应用技术，便应运而生了。

本节将介绍城市遥感物理基础，包括电磁波与电磁波谱的概念、太阳辐射和大气对电磁波传输过程的影响、地物的波谱特征、遥感传感器、遥感影像等基本概念。

1. 电磁波与电磁波谱

在真空中或介质中通过传播电磁场的振动而传输电磁能量的波叫做电磁波，如光波、热辐射波、微波、无线电波等。电磁波是空间传播的交变电磁场，是能量的一种动态形式。从客观上讲，凡是温度高于绝对零度（-273℃）的物体都在发射电磁波。各种类型的电磁波，由于波长范围不同，性质也有很大差别，因此常将电磁波谱划分成若干波段。按照在真空中的波长或频率依顺序将电磁波划分成不同的波段，排列成谱即为电磁波谱，参见图1-1。依波长顺序可分为γ射线、X射线、紫外线、可见光、红外线与无线电波（或称射电波）。无线电波又可进一步细分成微波、超短波、短波和长波。红外线有时也细分为近红外线、远红外线与次毫米波。

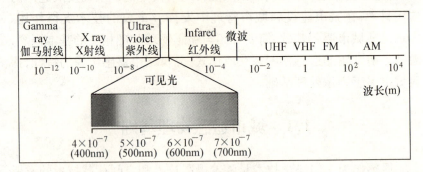

图1-1 电磁波谱

电磁波是取得遥感影像的物理基础，遥感器是通过探测或者感测电磁波谱的不同波段的发射、反射辐射能级而成像的，遥感采用的电磁波可以从紫外波段一直延伸到微波波段。

2. 太阳辐射和大气对电磁波传输过程的影响

太阳是巨大的电磁辐射源，表面温度高达6000K，是地球能量的主要来源，也是遥感技术的主要能源。太阳辐射包括了整个电磁波波谱范围，可见光和红外两部分的辐射通量（单位时间传送的能量）占太阳总能量的90%以上，紫外线、X射线和无线电波段在太阳电磁辐射总通量中占的比例很小。到达地球大气上界的太阳电磁辐射大小主要取决于日地距离和太阳高度角的变化。

由于太阳辐射在到达地面之前要穿过大气层，其能量有一部分被大气吸收，一部分被大气散射，还有一部分被云层反射，大气对太阳辐射中不同波长辐射的吸收和散射的多少是不一样的，所以太阳辐射穿过大气到达地表时，不仅其能量被衰减，而且光谱成分也发生了变化。吸收太阳辐射的主要成分是水蒸气、臭氧和二氧化碳，而这些成分都吸收紫外线，因此在遥感技术中很少应用紫外线。

电磁波透过地球大气时，其衰减强度随波长不同而异。大气对电磁波的某些波段的衰减作用较小，电磁波透过率较高，这些电磁波波段称为大气窗口。遥感技术的重要课题之一，就是研究和选择有利的大气窗口，以便最大限度地接收有用信息。可见光窗口最透明，即透过率最高，对遥感最为有利。

3. 地物的波谱特征

地物除了自身有一定温度外，还有因吸收太阳光等外来能量而受热增温的现象，一般地物的温度都会高于绝对零度，都会发射电磁波。在同一时间、空间条件下，地物发射、反射、吸收和折射电磁波的特性是波长的函数，当我们将这种函数关系用曲线形式表现出来时，就形成了地物电磁波波谱，简称地物波谱，不同的地物具有不同的波谱曲线形态。城市遥感应用研究的一个重要内容，就是要定量研究城市各类典型地物的波谱特性，并通过对城市地物的波谱特性分析，用于城市地物的解译、特征提取、三维重建、变化检测和污染监测等具体的应用。遥感技术中常用的波谱段如表1-1所示。

不同地物有不同的反射率。同一地物在不同的波谱段有不同的波谱反射率。地物的波谱反射率随波长变化的规律称为地物反射波谱特性。地物不同，反射波谱特性也不同。地物反射波谱特性是遥感影像解译的重要依据。图1-2为水体的反射光谱。

表1-1　　遥感技术使用的电磁波分类名称和波长范围

名　称		波长范围	
紫外线		$1\times10^{-4}\sim0.4\mu m$	紫 $0.38\sim0.43\mu m$
可见光		$0.4\sim0.7\mu m$	蓝 $0.43\sim0.47\mu m$
红外线	近红外	$0.76\sim3.0\mu m$	青 $0.47\sim0.50\mu m$
	中红外	$3\sim6\mu m$	绿 $0.50\sim0.56\mu m$
	远红外	$6\sim15\mu m$	黄 $0.56\sim0.60\mu m$
	超远红外	$15\sim1000\mu m$	橙 $0.60\sim0.63\mu m$
微波	毫米波	$1\sim10mm$	红 $0.63\sim0.76\mu m$
	厘米波	$1\sim10cm$	
	分米波	$10cm\sim1m$	

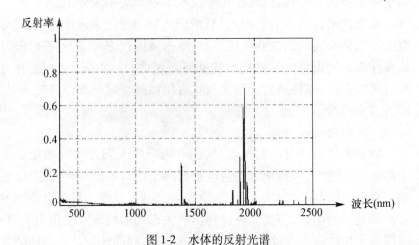

图1-2　水体的反射光谱

地物的发射率与其表面状态、温度、类别等因素有关,地物发射率随波长变化的规律称为地物发射波谱。一般而言,同一物体的发射率随其自身温度不同而异。

城市中的地物大多属于人工目标,如建筑物、城市道路、城市水体、城市绿地等,研究这些地物特有的波谱特征和影像特征是城市遥感技术的基础工作之一。

4. 遥感传感器

遥感传感器是收集、量测和记录地物辐射电磁波特性的仪器,也是获取遥感影像数据的工具。通常由收集系统、探测系统、信号处理系统和记录系统四部分组成。遥感传感器分为主动式和被动式两大类,在第 2 章中重点介绍。

5. 遥感影像

遥感影像是地面物体反射或发射电磁波特征的记录,是地面景物真实、瞬间的写照。由于成像时采用的传感器不同、工作的电磁波波段不同、遥感平台不同、应用目的的不同,形成了多种遥感影像,它们在城市遥感中的应用范围也各不相同。

航天遥感影像主要是由各种卫星、宇宙飞船、航天飞机等航天器所载之传感器获得的。为了便于数据传输,通常将接收到的地面物体辐射信息等记录于数据磁带上,以实时或延时方式发送回地面。各地面站将接收到的数据经回放及纠正等处理后,得到各种可视图像产品。航天遥感影像可以分为多光谱扫描仪(multi-spectral scanner,MSS)影像、专题制图仪(thematic mapper,TM)影像、推扫式扫描仪(HRV)影像等。

航空遥感影像包括黑白及彩色影像、黑白及彩色红外影像、多光谱影像、热红外扫描影像、机载侧视雷达影像等。

1.2 遥感影像的获取模式

实际应用的成像遥感器,多数是以被动方式获取影像信息的。由于应用目的、功能及结构上的差异,遥感成像系统的类型多种多样,不一而足。我们比较关心的是图像获取模式和目标分辨特性的关系。目前,遥感器在扫描工作方式上基本分为三种模式:摆扫成像、推扫成像和凝视成像,其几何形式如图1-3所示。

其中,推扫成像模式是通过平台自身的沿轨飞行运动,与穿轨方向同其速度相配合的线阵探测器的电扫描相结合获得影像的。光学系统的视场就是有效的全视场,其瞬时视场则由线阵探测器像元决定。这种仪器没有光机扫描结构,其功能实际上由阵列探测器的自

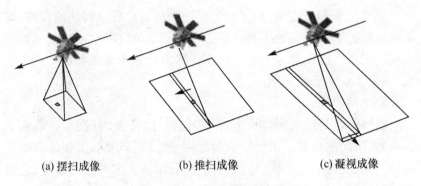

(a) 摆扫成像　　　　(b) 推扫成像　　　　(c) 凝视成像

图1-3　三种典型的遥感影像获取方式

扫描代替,具有相对较低的帧频。为了对地进行垂直或斜视观测,望远系统前安有指向反射镜,可以改变观察角度。推扫系统要获得比较大的视场,可以采用焦平面拼接技术。

目前,国外大多数卫星(KH-11\KH12,QuickBird,Ikonos-1,OrbView-4)在扫描方式上,仍然采用主流的推扫工作原理。特别是,我国已经开展的系列卫星遥感相机、高分辨率成像光谱仪、三线阵CCD、高分辨率宽覆盖CCD可见光相机等也都采用推扫成像模式。

1.3　城市遥感影像特性

遥感影像数据比图片信息更丰富。它们是电磁波能量的测量数据。影像数据以规则格式存储(如行和列),一个最小的影像元素称为像素,与照片单元相对应。对每个像素,测量数据存储为数字单元,或者DN值。通常情况下,每个测量的单独数据集都保存下来,称为一个波段或者一个通道,有时也称为一个层,如图1-4所示。

影像的质量主要由传感器平台的特性决定,影像特性通常情况下是指:

(1)空间特性,指测量的面积。

(2)光谱特性,指传感器所能感知的波长范围。

(3)辐射特性,指传感器能测量到的能量。

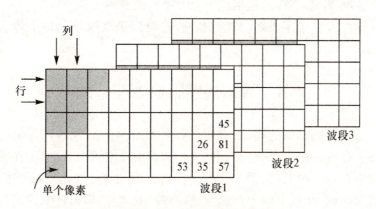

图1-4　一个由多个波段组成的影像文件

（4）时空特性，指传感器获取数据的时间。

空间分辨率是指地面上能看到的最小单元。也就是说地面上最小多大的物体能从遥感影像上反映出来。

动态覆盖范围是指能通过传感器测量到的最小能量和最大能量范围。

辐射分辨率是指最小多大能量的辐射量能被传感器测量到。

时间覆盖是指传感器能记录的最小时间间隔。

重返周期是指同一地区被传感器重复摄像的时间间隔。

像素大小由影像覆盖特征和影像大小决定，也指地面上多大的区域与影像上一个像素对应。像素大小随传感器不同而不同，小的可以小于1m，大的超过数千米。

波段数是指存储下来的能区分开的波段数量。常用的波段数是1个全色光谱、15个多光谱、220个超光谱。

影像量化和压缩是基础性工作，影像量化是指传感器将收集到的被测目标的电磁波，以不同形式（感光胶片或磁带）并经量化后记录下来。由于遥感信息量相当大，要在卫星过境的短时间内将获得的信息数据全部传输到地面是有困难的，因此，在信息传输时要进行数据压缩。

影像大小与影像空间覆盖和空间分辨率有关。可表示成行列。

通常情况下，遥感影像包括成千上万个行或者列。

影像大小用字节来记录行和列，同时记录波段数和每个像素的大小。

1.4 城市遥感影像处理基础

城市遥感影像处理，其本质是针对城市遥感影像的计算机图像处理。处理方法主要分为两大类：一类着重在空域中处理，即在影像空间中进行各种处理；另一类是把影像经过变换（如傅立叶变换），变到频率域，在频率域中对影像进行各种处理，然后再反变换回空间域，得到处理后的影像。

与通用遥感影像处理比较，城市遥感中涉及的地物属性要更加复杂、地物种类更加多样，遮挡和阴影也比非城市地区严重，因此，针对城市遥感影像的处理，比普通遥感影像处理难度要大。

同时由于应用目的不同，需要使用的数据种类通常也更加多样，航空影像、卫星影像、雷达影像、高光谱影像、近景摄影数据等都有涉及，所选用的影像也有差别。针对不同的影像处理的方式也有差异，例如针对雷达影像、可见光高分辨率影像和高光谱影像等都有各自独特的处理方法和处理流程。在应用中，很可能单一种类的影像不能够满足实际的需求，例如全色影像空间分辨率一般比较高，但是其光谱分辨率确不尽如人意，对于多光谱或高光谱影像则正好相反，由此延伸出影像融合算法。故而在实际的应用中根据应用目的选择合适的处理方法是取得理想结果的关键。例如，针对不同情况下的遥感数据的大气校正，需要开展的预处理工作包括：

（1）基于地面同步测量的遥感数据大气校正。利用地面同步测量数据，采用回归分析方法，构建地面数据与遥感数据辐射传输模型。

（2）无地面测量数据的遥感数据大气校正。采用基于遥感影像统计特征的大气校正法，研究基于平面场定标模型、基于内部平均相对反射模型以及基于对数残差模型的大气校正。

（3）基于影像波段特征的遥感影像数据大气校正。通过分析各个波段的光谱特性,提取不受大气影响的波段图像,研究利用回归分析法和直方图法结合影像波段特征信息来完成遥感数据的大气校正。

(4)基于大气辐射传输的大气辐射校正模型。利用遥感数据的太阳高度角、天顶角等相关参数,根据大气辐射传输机理来建立大气辐射校正模型。

(5)大气程辐射的计算模型。针对各种遥感数据影像,研究大气程辐射过程,通过对大气分子散射和气溶胶散射作用的估计,建立大气程辐射的计算方法和模型。

但总体来看,城市遥感以应用为主,遥感影像处理与数字图像处理相关,只是遥感影像应用于城市某一特定的领域时,为获得理想的结果,其处理方法和流程中需要引入诸如人工神经网络、模糊数学、遗传进化理论、生态学、小波等其他学科的知识,遥感影像的处理有其共性的一面,图1-5为城市遥感影像处理的通用流程。

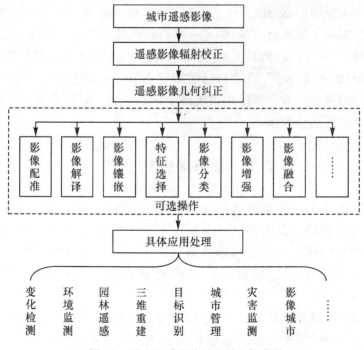

图1-5 城市遥感影像处理的一般流程

第 2 章
城市遥感传感器和遥感平台

本章介绍遥感观测的传感器和平台。航空和卫星是城市遥感应用中用到的主要平台,它们都有一些自己独特的特征。两类主要的传感器为:被动传感器和主动传感器。被动传感器有外部能量来源,如太阳;而主动传感器有它自己的能量来源。本章还讨论了城市遥感数据的选择标准。根据感兴趣的空间—光谱—时间现象,可以确定最合适的遥感数据。

2.1 城市遥感传感器

遥感技术中电磁能量的测量是通过装载于静止或运动的遥感平台上的传感器实现的。为适应不同的应用,目前已经开发出不同类型的传感器。传感器是测量和记录电磁能量的设备,可用于城市遥感的传感器包括被动传感器和主动传感器两类(见图2-1)。

被动传感器依赖来自外界的能量来源,通常是太阳,有时是地球本身。目前的被动传感器在波长范围覆盖的电磁光谱范围从小于 $1pm(10^{-12}m)$ 到大于 $1m$(微波)。

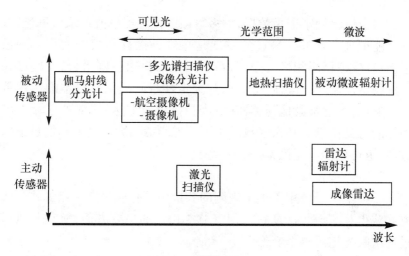

图 2-1 传感器类型

主动传感器有自己的能量来源。主动传感器由于不依赖于不同的照明条件,因而其测量受到更多的控制。主动传感器方法包括雷达、激光雷达、声呐等,所有这些都可以用于测高和成像。

2.1.1 被动遥感传感器

被动遥感传感器包括航空相机、多光谱扫描仪、影像分光仪和超光谱影像仪、微波辐射计等,下面分别简要介绍。

1. 航空相机

(数码)相机系统、透镜和胶片(或 CCD)是航空或航天摄影测量的主要组成部分。低轨道卫星和 NASA 空间航天任务也使用传统相机技术。相机中的胶片类型要确保在 400nm 和 900nm 范围内的电磁能量能被记录。航空相片有广泛的应用。航片严格而规则的几何性质和获得立体影像的可能性确保了摄影测量过程的发展,从而获得精确的三维坐标。尽管航片有很多的应用,但主要用于中、大比例尺绘图和地籍制图。现在,模拟图常被扫描,以在数字环境中存储和处理(第 4 章展示了各种航片的例子)。最近的发展是数码相机的使用,它不需要使用胶片,直接提供数字影像数据。

2. 摄影机

摄影机常用于记录数据,大多数摄影传感器仅能记录可见光,有一些能记录近红外。最近的发展是热红外摄影相机的使用。到最近,只有模拟摄影相机。今天,数码摄影的使用急剧增长,一些已在遥感领域使用。一般地,摄影像片为定性量测提供低成本的影像数据。例如,为已被其他传感器(激光扫描仪或雷达)量测的区域提供附加的可见信息。其大多数用于不可见影像的影像处理和信息抽取方法,也可用于可见框架。

3. 多光谱扫描仪

一种量测设备用于决定观测的数量值。它通过点—点和线—线方式获得观测值。这是它区别于航空相机的主要方面,航空相机通过一次曝光记录整个影像。

多光谱扫描仪量测反射的太阳光中可见光和近红外部分,它系统地扫描地表,从而量测可见地区的反射能力。它可以同时处理几个波段,因此叫做多光谱扫描仪。一个波段或光谱段是电磁波段的一个间隔,这是为何平均的反射能力可以被量测的原因。典型的、大量明显的波段被记录,因为这些波段反映了地表特征。

例如,$2\mu m$ 到 $2.5\mu m$ 段的反射特征(例如,LandsetTM 7 波段)会给出土壤矿物化合物的信息,而红色光和近红外段的综合反射特征会给出关于植被的某些信息,例如单位面积或体积内的生物的数量和健康状况。

因此,一种扫描仪的波段的确定,取决于传感器设计的应用领域(在图 3-3 中给出了多光谱数据的地理应用领域,在第 10 章中介绍了这些影像的解译方法)。

4. 影像分光仪和超光谱影像仪

影像分光仪的原理和多光谱扫描仪类似,只是影像分光仪量测较多(64~256)、较窄(5~10nm)的光谱段,这导致了它以像素为单位的近乎连续的反射曲线,而非多光谱扫描仪的较大光谱波段的有限数量的值。这种光谱曲线取决于被量测物质的化合物成分和宏观结构。因此,影像分光仪的数据可用于确定地表的化合物成分、地表水的叶绿素含量,或所有地表水悬浮物的集中程度。

5. 热红外扫描仪

热红外扫描仪测量 8μm 到 14μm 之间波段的热数据。这一范围的波长直接和物体的温度相关联。例如，云层、陆地和海洋表面的温度数据和天气预报密切相关，因此，大多数的遥感系统都在设计上包含了热红外传感器。热红外传感器同时可以用于研究农作物受干旱影响的程度（水危机），并用于监测不考虑释放热能的植物之后凉水的温度。它的另一个应用就是探测地下煤火。

6. 微波辐射计

地表或地下的物体会发射一定的长波长的微波能（波长从 1cm 到 100cm）。任何温度高于开尔文绝对零度的物体都会产生电磁辐射，称之为黑体辐射。自然材料可能会比同等同能情况下的理想黑体产生较少的电磁辐射，这一点可以用一个发射率小于 1Å 的微波辐射计来记录某物体的发射辐射得到证明。这种能量能够被记录的程度取决于各种不同材料的属性，例如含水量。被记录的信号叫做亮度温度。物理表面温度可以通过亮度温度计算得到，但是必须要知道发射率。水体的发射率为 98% 到 99% 之间，几乎接近为黑体，而陆地上地物特征则显示出不同的发射率。并且，物质的辐射发射率会随着条件的改变而改变。例如，潮湿的土壤会比干燥的土壤具有显著的更高的发射率。

因为黑体辐射很微小，所以能量必须在相对较大的区域进行量测，从而使得被动的微波辐射计具有低空间分辨率的特征。被动微波辐射计数据能够用于矿藏勘测、土地制图、土壤湿度估计和冰雪探测。

2.1.2 主动遥感传感器

主动遥感传感器包括激光扫描仪、成像雷达、雷达高度计等传感器。

1. 激光扫描仪

作为一种十分有趣的主动传感系统，激光雷达（光探测和测距）在某些方面和雷达相似。激光雷达以可见和近红外波段范围内的某一波长，以一系列的脉冲（每秒上千次）向地面发射连续的激光，然后由地表反射部分光波。激光往返传播的时间和反射脉冲的强度则是要记录的参数。雷达测量工具能被置于航空和航天平台上,作为外形量测仪和扫描仪全天候使用。

激光扫描仪典型地放置在飞机或直升机上,而且利用一束激光量测传感器到位于地面上的点之间的距离。然后,卫星位置系统和惯性导航系统(INS)利用这个距离的测量结合在传感器位置上的点上提取的信息来计算地形海拔高度。激光扫描为地形图的描绘产生详细的,高分辨率的数字地形模型(DTM)。激光扫描也能用于详细的城市建筑物的3D模型产品。便携式的基于地面的激光扫描仪可被用于斜向与横向测量法。

2. 成像雷达

雷达方式在1cm到100cm范围内起作用。不同的波段对应于地球表面不同的特性。雷达的反向散射受所发射的信号和所阐述的表面特征所影响。雷达是主动的传感器系统,所应用的波长能够穿透云层,它不管是白天还是晚上,不管在什么样的天气条件下都能获取影像,尽管影像可能会或多或少受大雨的影响。

同一地区的两张立体雷达影像融合能提供有关地形高度的信息。类似地,SAR干涉测量法(INSAR)包含在几乎相同的位置所获得的两张雷达影像。这些影像不是在不同时间就是利用两个系统在相同位置所获得的,而且能被用于评估高精度(5cm或更高)的高度或垂直方向的变形。这种垂直方向的运动可能会受石油和汽油的开采或由地震引起的地壳变形的影响。

3. 雷达高度计

雷达高度计被用来测量平行于卫星轨道的地形轮廓。它们提供轮廓,譬如测量单一的线,而不是影像数据。雷达高度计在1cm或6cm波长范围内起作用,而且能够确定精度为2cm到5cm的高度。雷达高度计对相对较光滑的表面如大海及小比例尺的大陆地形模型制图很有用。

2.2 城市遥感平台

平台是一种运载工具,例如一些用于特殊活动或者目的的地面移动测量系统、平流层飞艇、探测气球、无人侦察机、卫星和航天器，它们装载某种特定的遥感传感器。传感器—平台结合起来确定了遥感影像数据的特性，尤其是其分辨率。例如，当一个特定的传感器从更高的高度进行观测时，获取的影像面积增加的同时，可以观测到的细节信息却减少了。根据城市对遥感数据的分辨率需求、数据类型需求、时间需求和预算标准，用户可以确定哪一种影像数据是最合适的。航空遥感平台和卫星遥感平台通常都装载一种或多种传感器。目前，平台成熟且能服务于城市综合应用的主要有地面移动遥感平台、航空遥感平台和航天遥感平台，下面分别予以介绍。

2.2.1 地面遥感平台

地面遥感平台种类繁多，目前该类遥感平台主要有服务于可量测影像数据采集的移动测量平台，有服务于城市智能交通的路面检测平台，有搭载传感器服务于城市污染监测的各类遥感监测平台（见图2-2）。

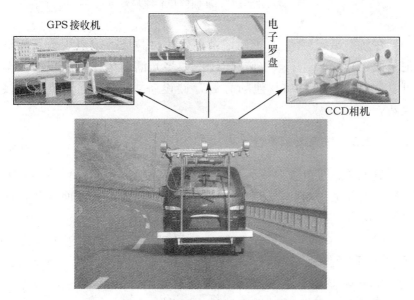

图2-2 配备了 GPS、电子罗盘和量测 CCD 相机的移动道路测量系统

2.2.2 航空遥感平台

航空遥感平台的实现根据操作要求有几种类型的飞机。飞机的高度和飞行姿态对比例尺和获取的影像产生影响。飞机的飞行姿态受风的影响,其相对一个飞行轨道能够由三个不同的旋转角度来表示,它们分别是旁向倾角、航向倾角和像片旋角(见图2-3)。机载卫星定位系统和导航系统能够在规则间隔下测量飞机的方位和三个旋转角度,用于校正由于飞机高度和方位误差造成的遥感数据的几何变形。

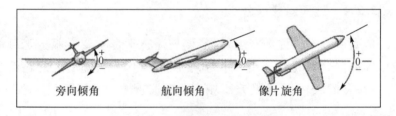

图2-3　旁向倾角、航向倾角和像片旋角

在航空摄影测量中,影像记录在硬拷贝材质上或者用数码相机记录数字影像。对于数字传感器(例如多光谱扫描仪),获取的数据可以存储在磁带上和其他的海量存储设备里,或者直接传输到接收站。

2.2.3 航天遥感平台

航天遥感平台主要指人造卫星、航天飞机和空间站。传感器的监测需要知道卫星的轨道参数。为了介绍遥感应用,下面这些轨道参数是必须了解的相关知识。

(1)轨道高度。轨道高度定义为卫星到地区表面的距离,单位通常为千米。通常情况下,遥感卫星飞行在离地面150km到36000km(GEO)。飞行高度影响着能看到地面的范围,影响着能看到地面多大的细节,影响着卫星的空间分辨率。

(2)轨道倾角。是卫星飞行平面和赤道平面的交角。卫星飞行的轨道倾角,跟传感器的视场到地面的高度等都是可以观测的。

(3)轨道周期。完成一次完整飞行所需要的时间。

(4)重复飞行周期。两次连续经过同一个地方的时间差,通常用天来记录。

卫星传感器需要将遥感影像数据发送到地面进行分析和处理。获得的高分辨率全色影像和成像光谱仪数据将能对城市空间数据的快速更新提供服务,多波段和多极化方式的雷达数据,将能解决阴雨多雾情况下的城市全天候和全天时对地观测。

2.3 城市遥感数据选择标准

1. 遥感数据的时空特性

城市基础空间数据的更新需要有现势性强的遥感影像数据作为数据源,城市遥感监测需要有重访周期短的遥感影像来支持。随着小卫星群计划的推行,可以用多颗小卫星组网,实现每3~5天对地表重复一次采样,获得高分辨率全色影像和成像光谱仪数据。多波段、多极化方式的雷达卫星,将能解决阴雨多雾情况下的全天候和全天时对地观测。能满足城市应急监测和自然灾害风险快速评估的迫切需求。

美国1m分辨率的IKONOS卫星和0.61m分辨率的Quick Bird卫星遥感影像能大大提高城市空间数据更新能力。

2. 数据的有效性

遥感数据的分辨率分为空间分辨率(地面分辨率)、光谱分辨率(波谱带数目)、时间分辨率(重复周期)和温度分辨率。

以地面分辨率为例,Landsat卫星的MSS影像,像素的地面分辨率为79m,而1983—1984年的Landsat-4/5上的TM(专题制图仪)影像的地面分辨率则为30m,法国的SPOT-5卫星采用新的三台高分辨率几何成像仪器,提供5m和2.5m的地面分辨率,并能沿轨或异轨立体成像。美国IKONOS-2以及Quick Bird卫星,分别能提供1m与0.61m空间分辨率的全色影像和4m与2.44m空间分辨率的多光谱影像,所有这些都为城市遥感的定量化研究提供了保证。

3. 遥感数据的经济性

目前卫星遥感的重要应用是根据卫星影像来解译出人们所需要的信息，主要根据影像的灰度、颜色、纹理、结构、形状等许多信息来确定，目前大部分卫星遥感(除 SAR 以外)是根据光谱成像理论来获取信息的。鉴于地物光谱受到周围环境、大气衰减等许多因素的影响，使得影像特征和地物间的关系极为复杂，给影像解译带来了极大困难。

目前还不具备发射系列高分辨率卫星的条件，从商业渠道购买高空间分辨率卫星数据又难以承受其价格且时效性也不满足要求。因此，从国际遥感发展动向及中国国情出发，中国已经启动了高分辨率对地观测重大项目，并正在大力发展以高空快速大型机载平台，由卫星遥感、中低空准实时遥感集成系统、地面信息获取系统等构成的多高度信息获取技术系统，将为城市遥感应用发展提供更加丰富的数据源。

第 3 章
城市遥感影像解译与判读

遥感影像解译是一门涉及遥感、物理、地学、生物学、计算机等领域学科的综合性交叉技术,按照其目的和任务可以分为普通地学解译和专业解译。普通地学解译的任务是为了获取一定地球圈层范围内的综合性信息,常见的有地理基础信息解译和景观解译。专业解译的任务则是为了提取特定的要素,包括城市地物解译、农林业解译等。

城市遥感影像的解译方式包括野外解译、飞行器目视解译、室内解译和综合解译四种,目前都还做不到完全自动化,都需要一定程度的人工干预。在基于半自动的解译过程中,既可以充分利用作业员的解译经验,同时又可以利用计算机处理图像信息的优势,提高作业效率。本章将详细阐述半自动的城市遥感影像解译方法,并对遥感影像解译中的数字判读方法进行重点介绍。

3.1 城市遥感影像解译标志

在影像解译时,可首先通过寻找典型目标判据(俗称遥感影像解译标志),辅助解译过程,提高解译效率和准确率。城市遥感影像解译标志分为直接解译标志和间接解译标志。

1. 直接解译标志

直接解译标志包括影像色调、颜色、形状、尺寸、纹理、图形或图案、阴影、立体外貌等。单波段卫星影像和黑白航片都是以像元的灰度反差(即色调)来表现的,如图3-1所示。在彩色影像上不同目标呈现出不同的颜色,如图3-2所示。

图3-1 城市灰度影像

图3-2 城市立交桥彩色影像

形状标志是最为直观的标志。如电线杆是点状、道路是线状、湖泊是面状等。采用经典的边缘提取算子,可进行半自动判读,如图3-3所示。基于一定的形状描述子,可进行如图3-4所示的自动判读。

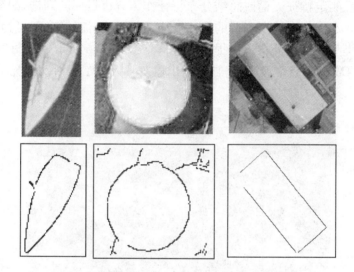

图 3-3　基于形状检测算子的半自动判读

图 3-4　基于一定的形状描述子的自动判读

2. 间接解译标志

间接解译标志包括地形地貌、土壤土质、植被、气候、水系、人类活动、位置等，如不同类型的植被具有不同的分布特征和光谱特征，可通过测定特征光谱或总结分布特征作为分析目标的判据，如图 3-5 所示。水系具有从高到低的自然规律，同时具有流域特征，可为解译不同类型目标的分布特征提供参考信息，如图 3-6 所示。从图 3-7 所示的 TM 真彩色影像，能清晰判读出巴东县人类工程活动情况。

(a) 天河板组—泥质灰岩

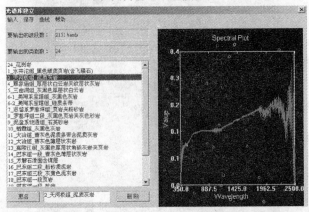

(b) 天河板组—泥质灰岩的光谱特征

图 3-5　天河板组—泥质灰岩图片及其实测光谱特征

第3章 城市遥感影像解译与判读

(a) 水系彩色影像

(b) 水系黑白影像

图 3-6　水系特征影像

(a) 巴东县（TM真彩色1993年）

(b) 巴东县（TM真彩色2002年）

图 3-7　巴东县 TM 真彩色影像上的人类工程活动情况

3.2 城市遥感影像的目视解译

遥感影像的目视解译是在早期航片解译和判读基础上发展起来的一门技术,借助简单的光学工具如放大镜、立体镜等,在有关信号层(投影成像机理)、物理层(地学波谱特性)和语义层(事务相关规律)三个层面知识的引导下,对地物进行判读。

通常情况下,影响城市遥感影像目视解译效果的因素包括:解译者的基本知识水平、解译者的经验积累、解译者对工作区的了解、遥感成像时期与成像质量、工作地区情况复杂程度等。因此,城市遥感影像目视解译的方法与原则包括:

(1)先易后难,由粗入细,由整体至局部解译。
(2)充分利用各种直接和间接解译标志。
(3)尽可能创造条件开展多波段、多时相、多类型遥感影像的对比分析。

城市遥感影像目视解译的流程如图 3-8 所示。

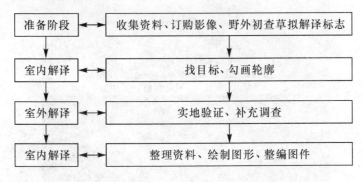

图 3-8　城市遥感影像目视解译流程图

3.3　城市遥感影像数字解译

城市遥感影像数字解译是指借助数字工具如数字放大镜、影像立体等,在有关信号层(投影成像机理)、物理层(地学波谱特性)和语义层(事务相关规律)三个层面知识的引导下,对城市数字影像进行数字判读,解译出感兴趣的城市目标。

根据不同的划分标准,城市遥感影像的数字解译方法有不同的分类:

(1)按照解译的自动化程度分为目视解译、半自动解译和自动解译。

(2)按照解译的数据源分为单片解译、立体解译和多片解译。

早期航片解译与遥感影像数字解译的区别主要表现在以下四个方面:

(1)工具不同:

①航片解译。借助简单的光学工具如放大镜、立体镜等。

②数字解译。借助数字工具如数字放大镜、影像立体等。

(2)判读数据源不同:

①航片解译。主要是指航片。

②数字解译。指数字影像。

(3)判读方法不同:

①航片解译。目视判读。

②数字解译。数字判读(目视判读、半自动判读甚至自动判读)。

(4)自动化程度不同:

①航片解译。人工操作,野外检核。

②数字解译。可自动处理且可批量和分布式处理。

3.4 城市遥感影像解译与判读的基本框架

城市遥感影像解译与判读的基本框架如图3-9所示,首先对需要解译与判读的影像进行辐射校正和几何纠正处理,同时根据影像质量进行适当的去噪和增强处理;然后对选定的 ROI(region of interest)中的城市目标或者城市区域进行影像分割,在影像分割的基础上完成影像人机交互解译;基于解译的结果进行影像数字判读

（具体的影像数字判读的方法和流程参见 3.7 节的内容）。

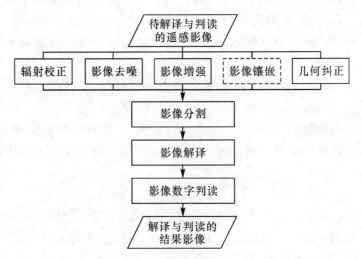

图 3-9　城市遥感影像解译与判读基本流程（图中虚框表示可选过程）

3.5　城市主要地物目标特性

城市是人类活动的缩影，并且不断经历着迅速变化的过程，需要及时地进行监测和分析。城市遥感需要研究表征城市地表的区域环境，即研究城市人工地物、城市地质构造、城市地形地貌、城市植被、城市水系等几何特征和光谱特征。利用目视判读影像特征知识、专家知识以及其他非遥感数据，并应用计算机技术对遥感影像进行综合分析，充分利用遥感影像的波谱特征、极化、时间、空间特征以及相关的各类信息，可以为深入理解遥感影像和城市管理与服务提供可靠的依据。

3.5.1　城市房屋影像特征

在卫星遥感影像上，通常可以从一幅卫星遥感影像上看到整个城市建成区，有利于对整个城市建成区的完整调查。在黑白遥感影像上一般通过城市网状的道路布局形式、城市各类建筑物的纹理特征及布局来判断城市建成区范围。城市的道路、广场及新建城区色调较亮,一般城市建筑物的色调较浅,水体的色调较深,绿色植被的色调为深灰色。在彩色红外遥感影像上,一般通过影像的颜色及色调来判断城市建成区的范围。城市的道路、广场及新建城区呈亮蓝绿色,一般城市建筑物呈蓝绿色,水体呈深蓝色或者黑色,含沙量大的河流呈浅绿色,绿色植被呈红色。

在航空遥感影像上,房屋主要表现为色调较均匀,建筑物间有一定的间距(见图 3-10)。

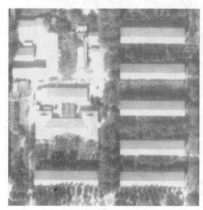 

(a) 航空遥感影像　　　　　　(b) 卫星遥感影像

图 3-10　城市房屋影像示例

3.5.2　城市道路影像特征

在卫星遥感影像上,城市道路呈亮色调网状线条,道路的色调与道路的铺设材料有关,如沙石路、水泥路的色调较浅,沥青路、潮湿的土路色调较深。由于分辨率较低,城市中较窄的道路不易分辨出。

在航空遥感影像上,城市道路特征明显,形成相互连通的网状,一般呈亮灰色,其两边通常可见深色调的行道树或道路隔离带,容易识别(见图 3-11)。

(a) 航空遥感影像　　　　　　　(b) 卫星遥感影像

图 3-11　城市道路影像示例

3.5.3　城市绿地影像特征

在卫星遥感影像上,树木和绿地在黑白遥感影像上一般呈深灰色,可通过其形状、分布及位置来辅助识别。绿地在彩红外遥感影像上一般呈红色,生长茂盛的植被呈亮红色,生长状态不佳或者病虫害的植被呈深红色或粉红色。通过影像的颜色、色调、形状、分布及位置还可判别植被的种类,如深红色条状、暗红色或黑色块状的区域,一般为山间林地;位于城市内部的红色地块,一般为城市绿地或公园;城市外围的规则红色地块,一般为水田,而不规则的红色地块,一般为旱地;位于城市边缘的粉红色规则地块,一般为菜地。

植被的光谱特征可使在遥感影像上有效地与其他地物相区别。同时,不同的植被各有自身的波谱特征,成为区分植被类型、长势的依据。

健康植物的波谱曲线有明显的特点,影响植被光谱的因素有植被本身的结构特征,也有外界的影响,但外界的影响总是通过植被本身生长发育的特点在有机体的结构特征中反映出来的。从植被的典型波谱曲线来看,控制植被反射率的主要因素有植物叶子的颜色、叶子的细胞构造和植被的水分等。

不同植被类型,由于组织结构不同,季相不同,生态条件而具有不同的光谱特征、形态特征和环境特征,在遥感影像中可以表现出来。

健康的绿色植被具有典型的光谱特征。当植物生长状况发生变化,其波谱曲线的形态会随之改变。健康与受损植被的光谱曲线在可见光区的两个吸收谷不明显,0.55μm 处反射峰按植被叶子受损程度而变低、变平。近红外光区的变化更为明显,峰值被削低,甚至消失,整个反射曲线的波状特征被拉平。所以,通过光谱曲线的比较,可获取植被生长状况的信息。

在航空遥感影像上,绿地的色调为深色调,在彩色红外遥感影像上为红色(见图 3-12)。

(a) 航空遥感影像

(b) 卫星遥感影像

图 3-12　城市绿地影像示例

3.5.4　城市水体影像特征

水体指城市的江、河、湖泊、海洋、水库、苇地、滩涂和渠道等。

对于卫星遥感影像,在黑白遥感影像上水体的纹理较均匀,但色调较复杂,这与水体的深浅、含沙量、受污染的程度、河流的流速等因素有关。一般情况下,水体越深,色调越深;水体越浅,色调越浅;水体含沙量越大,色调越浅;水体受污染的程度越重,色调越深;静止的水体色调相对较深,湍急的河流色调相对较浅。在彩红外遥感影像上水体主要通过影像颜色及纹理来判别,水体一般呈蓝色,受污染较重的水体呈黑色,水体含沙量大的河流呈浅绿色。

太阳光照射到水面,少部分被水面反射回空中,大部分入射到水体。入射到水体的光,又大部分被水体吸收,部分被水中悬浮物反射,少部分透射到水底,被水底吸收和反射。被悬浮物反射和被水底反射的辐射,部分返回水面,折回到空中。因此传感器所接收到辐射就包括水面反射光、悬浮物反射光、水底反射光和天空散射光。由于不同水体的水面性质、水体中悬浮物的性质和含量、水深和水底特性等不同,从而形成传感器上接收到的反射光谱特征存在差异,为遥感探测水体提供了基础。

在航空遥感影像上,水域在影像上呈灰色或深色调,且色调均匀,纹理致密,水陆界线也比较明显(见图3-13)。

(a) 航空遥感影像　　　　　(b) 卫星遥感影像

图3-13　城市水体影像示例

对水体的研究通常还包括宏观的水系生态环境的研究。对水系的遥感研究是通过对遥感影像的分析,获得水体的分布、泥沙、有机物等状况和水深、水温等要素的信息,从而对一个地区的水资源和水环境等作出评价,为水利、交通、航运及资源环境等部门提供决策服务。水系光谱特征的解译内容包括:水体界限的确定,水体悬浮物质的确定,水温的探测,水体污染的探测,水深的探测,我们根据上述地质灾害相关因素光谱特征的研究,针对不同地质环境和地质灾害体的电磁信息进行归类,分析其最优的特征信息组合,为灾害分析、预警和未来遥感技术的发展提供依据。

3.6 城市遥感影像数字判读方法

判读是解译过程中确定目标性质的最重要的环节,因此有些人就将解译和判读等同起来。但实际上判读不涉及解译过程中转组提取和成图等多个环节,判读更多地是充当解译过程中的工具。随着判读环节所采用的技术的深入研究和多样化,目前也出现了面向遥感影像的数字判读系统。城市遥感影像判读采用知识库、模型库,根据遥感影像处理技术,实现对城市遥感影像的快速准确判读,主要步骤包括影像去噪、影像增强、影像分类、影像镶嵌、影像判读等。通过对遥感图像上的各种特征进行综合分析、比较、推理和判断,最后提取出感兴趣的信息。城市遥感影像判读方法包括人工目视判读方法、半自动(人机交互)判读方法和自动判读方法。

3.6.1 人工目视判读

人工目视判读是一种人工提取信息的方法,使用眼睛目视观察或借助光学仪器,通过人的经验和手中的资料进行分析推理,提取出有用的信息。

影像目视判读首先要遵循从"已知"到"未知"的原则,即根据作业员所熟悉的地物情况和地学知识,对比未知的遥感影像,以此作为解译的条件和标志;其次采用"先整体,后局部"的原则,即先从整体上大致了解图像上可能有哪些地物,再进一步了解这些地物在影像上的细节。常用的分析推理方法有直接法、对比法、邻比法、综合辨认法和历史比较法;再次采用"先一般,后专业"的原则。在遥感影像解译过程中,有些内容是非专业性要素的调查,它要求的指标不多,而专业要素的解译其指标较多,相对复杂,要求准确性高,有时把握性小,常需分析。经验表明,遵循这三个原则能提高工作效率,而且专业性类型的解译精度也有所提高。

1. 直接法

根据解译标志对遥感影像直接观察,并辨认地物或现象的区别。这里的解译标志是指遥感影像光谱、辐射、空间和时间特征决定地物在影像上的差别,它可区分为色调与色彩、形状、尺寸、阴影、细部(图案)以及结构(纹理)等。

2. 对比法

根据图像库中的标准图像对遥感图像进行观察,通过对比,得出地物或现象的区别。

3. 邻比法

利用邻近区域的已知地物或现象的图像,根据地学规律,对遥感图像进行观察,通过比较和延伸,从而对地物或现象进行辨认。

4. 综合辨认法

如果单独的解译标志难以直接辨认地物或现象的区别,可以考虑将多个解译标志结合在一起对地物或现象进行解译。另外,还可以根据地物或现象之间的关联,通过利用其他辅助数据,对地物或现象进行辨认,即尽可能地创造条件开展多波段、多时相、多类型遥感影像的对比分析。

5. 历史比较法

主要指利用不同时间重复获取的遥感信息,通过比较和分析,了解地物或现象的变化情况及发展速度。

3.6.2 人机交互判读

遥感影像判读的实质是对遥感影像进行分类,并具体圈定它们的分布范围,提取有用信息。由于遥感影像的地物光谱特征一般比较复杂,且存在异物同谱和同物异谱的现象,自动分类一般很难达到令人满意的判读精度。而人工目视判读则具有很大的灵活性和适应性,缺点是工作量大、效率低。如果在判读过程中,对于特征明显、地学条件一致的影像区域采用自动监督分类方式,对于地物特征复杂、不适合自动分类的影像区域,采用人工判读的方式进行专题信息提取,则可以在不增加系统复杂性的前提下,充分发挥人脑与电脑的各自优势来提高判读的速度与精度。在目前城市遥感的应用中,这类方法是最好的。

人机交互判读把人工目视判读和数字影像处理、遥感与地理信息系统、地学知识和信息技术等结合起来。具体功能包括判读范围的人工选取、影像预处理、影像自动分类、碎部综合、绘线填充和影像编辑等环节。

图 3-14 是一个人机交互判读系统的流程图,其中的关键技术包括以下几个方面。

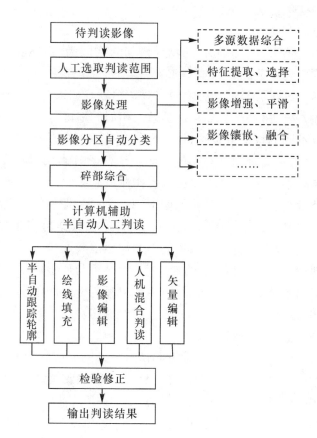

图 3-14 人机交互判读系统流程图

1. 影像处理模块

人机交互判读效果的好坏在很大程度上取决于影像质量的优

劣,通过影像处理中的各类方法,例如通过影像融合技术可以实现遥感影像与地理信息数据的融合,通过滤波去噪处理可以改善影像的噪声状况,通过彩色变换和假彩色合成可以将其转换为人眼易于识别的彩色影像,故而一个优秀的影像处理系统可以在很大程度上提高地物解译精度。但是针对不同类型的影像(如可见光波段的遥感影像、雷达影像、红外影像等)有不同的处理方法,同时城市遥感影像其地物类型也决定着处理方法的灵活性,对不同的传感器影像选择合适的处理方法是关键。

2. 影像区的自动分类

由于遥感影像中经常有同物异谱和异物同谱、山体阴影以及不同区域或不同季节的影像本身特征差异较大等现象,采用同一分类标准对影像进行分类势必影响最终分类精度。如果对整幅遥感影像根据上述差异进行分区,即在地学条件相似的地区分别选取样本,然后分别以不同的特征或算法进行分类,比起对整幅影像进行统一分类,能改善和提高自动分类精度。而一个好的分类结果对交互性的解译效果有很大影响,它不仅影响着作业员后续解译的工作量,而且对解译精度也起着至关重要的作用。提高计算机分类精度,目前所使用的方法既可以从数据源方面入手,将遥感数据与非遥感数据复合,使非遥感数据作为遥感数据的一个波段以及通过一系列预处理,包括使地理数据成为网格化数据,使其分辨率与遥感数据一致,对应地面位置与遥感影像配准等,最终生成可参与分类的影像;也可以采用新型的有效的分类方法,例如人工神经网络算法、遗传算法等。

3. 半自动人工辅助判读

人机混合判读方法是判读者和计算机共同完成整个遥感影像判读任务的一种判读方法。判读者往往会发现在要判读的影像中,有为数众多、具有明显波谱特性差异的地物存在。例如,对于城市大比例尺遥感影像的判读,因为在城市各个角落有零星分布的树木和小水体,如果用人工判读方法逐一地勾绘出来,显然比较繁琐。若利用它们和其余地物在波谱特性上的明显差异,先对主体地物进行监督分类,把它们从其他地物中提取出来,而对不适合自动分类的地物,仍用目视判读的方法完成,最后将两种判读方法得到的结果结合起来，就可以得到较理想的判读结果。

3.6.3 自动判读

自动判读通常是指采用基于内容的图像检索等方法，也包括较简单的模板匹配等方法，根据目标的几何特征或者独特的纹理特征，从遥感影像中获取目标信息，这是智能传感器发展的必然趋势。如提取机场的几何信息时，可以考虑提取飞机的几何模型，或者提取跑道的信息。自动判读可以考虑多重判据的集成与融合。

3.7 城市遥感影像数字判读流程

城市遥感影像判读流程如图 3-15 所示。

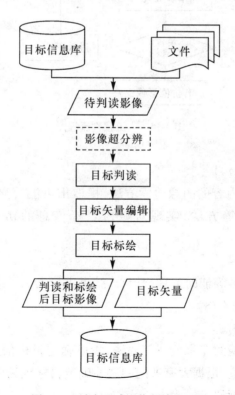

图 3-15 城市遥感影像判读流程图

在上面的处理流程中,目标判读是最为重要和最为复杂的环节,这里将这个环节进一步细化为下面的处理过程。

1. 人工预判

在进行遥感影像判读时,并不是每幅影像上都有人们感兴趣的目标区域,所以需要先对所有影像进行一次过滤,将人们完全不感兴趣的目标影像直接过滤掉,只保留可能会感兴趣的目标的影像(见图3-16)。

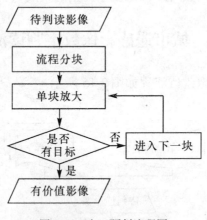

图3-16 人工预判流程图

2. 半自动初判

采用基于内容的图像检索方法,提取出可能感兴趣的目标,可采用模板匹配等方法,实现对城市目标信息的初步判读(见图3-17)。

3. 人工详判

利用超分辨等辅助工具,对判读结果进行人工详细判读,进一步确认目标(见图3-18)。

4. 专家会判

采用有经验的专家会判等办法,集体确定目标信息。采用专家组会议集中讨论,根据大家共同的经验确定目标的类型,该过程是专家集体确认的过程。

第3章 城市遥感影像解译与判读　37

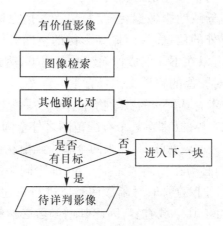

图 3-17　半自动初判流程图

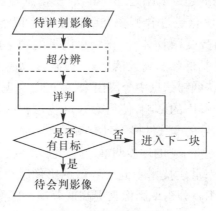

图 3-18　详判流程图

3.8　城市遥感影像的超分辨率重建

　　影像的空间分辨率是衡量遥感能力的一项非常重要的指标,高分辨率的遥感影像可以使人们在较小的空间尺度上观察地表的细节变化。它在城市生态环境评价、城市规划、地形图更新、地籍调查、精准农业等方面有巨大的应用潜力。

影像的超分辨率重建是指利用信号处理和软件方法消除成像系统和外界环境所导致的影像退化，恢复出光学衍射极限分辨率所决定的截止频率以外的信息，从而提高影像的空间分辨率。利用超分辨率重建技术，可以在不改变成像系统的前提下，达到提高影像空间分辨率的目的，对影像的解译工作具有重大意义。

超分辨率技术有其严密的数学物理基础。从数学角度上看，如果一个函数是空域有界的(即在某个有限范围之外全为0)，则其谱函数是一个解析函数。这就意味着，如果两个解析函数在任一给定区间上完全一致，则它们必须在整体上完全一致，即为同一函数。根据给定解析函数在某区间上的取值对函数的整体进行重建叫做解析延拓。对于一幅影像，由于其空域有界，因此其谱函数必然解析。根据解析延拓理论，截止频率以上的信息可采用截止频率以下的信息得以重建，从而实现影像的超分辨率处理。其次，由信息叠加理论可知，影像截止频率以上的信息通过卷积叠加到截止频率以下的频率成分中。也就是说，对于有界受限物体，截止频率以下的频率成分中包含了物体的所有信息(包括低频和高频信息)。很显然，如果能找到一种方法将这些高频信息从低频信息中分离出来，就可以实现影像的超分辨率重建。再次，由于噪声的影响，使得影像退化过程的运算是一个非线性操作运算，而信号的非线性操作具有附加高频成分的性质。因此，通过约束操作引入高频分量的逐步调整，可实现影像的超分辨率重建。

影像超分辨率重建技术不同于一般的影像融合技术。一般的影像融合技术是利用高分辨率影像来提高低分辨率影像的分辨率，而超分辨率重建技术是利用一幅或多幅低分辨率的影像重建出分辨率超过所有原始影像的高分辨率影像，这是超分辨率重建技术优于一般融合技术的主要特征，也是它们之间的主要区别。超分辨率技术也不同于一般的影像复原技术，前者是使获取的影像分辨率超过设计分辨率的软件处理过程，而后者则是使影像的分辨率接近或达到设计分辨率的软件处理过程。图3-19为城市遥感影像超分辨率处理技术流程图。

提高影像分辨率的技术途径有两个：一是从物理上改进成像传感器；另一个是对采集到的影像数据利用适当的信号处理方法进行影像超分辨处理。成像传感器的分辨率是分辨物体细节的能力，由

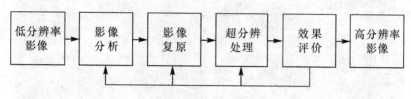

图 3-19　影像超分辨率处理技术流程图

其物理性质决定,可以理解为对两个点光源的极限分辨距离。对光学影像而言,这等价于实际点扩散函数的主瓣宽度。对卫星影像,由于有效载荷、成像技术和成本等因素的限制,在硬件上改进星载成像设备提高分辨率的途径会遇到很大困难,在此情况下,第二个途径就成为解决问题的有效途径。

在利用适当的信号处理方法进行影像超分辨率处理时,可设计出合适的成像模型的改正模型,如图 3-20 所示,主要包括:

(1) 反映帧间运动变化的运动模型。
(2) 因点扩散函数产生的影像模糊模型。
(3) 反映欠采样的抽取模型。
(4) 噪声模型。

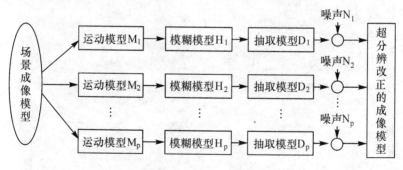

图 3-20　影像成像模型的超分辨改正模型

按照这样的模型对影像进行处理,可生成超分辨率影像。图 3-21 是对 1m 分辨率测试影像的处理结果,图 3-22 是对 QuickBird 测试影像的处理结果。

(a) 原分辨率为1m的测试影像　　　　　(b) 超分辨处理的结果

图 3-21　对 1m 分辨率测试影像的超分辨率处理结果

(a) 原始QuickBird测试影像　　　　　(b) 超分辨处理后的QuickBird结果

图 3-22　对 QuickBird 测试影像的超分辨率处理结果

第 4 章
城市遥感影像分类

遥感影像分类的理论依据是：遥感影像中同类地物在相同条件下（纹理、地形、光照以及植被覆盖等），应具有相同或相似的光谱信息特征和空间信息特征，因此同类地物像元的特征向量将集群在同一特征空间区域，而不同的地物由于光谱信息特征或空间信息特征的不同，将集群在不同的特征空间区域。这就是最常用的遥感影像分类的理论基础。本章在介绍传统的统计分类方法的基础上，重点介绍基于人工神经网络和面向对象技术的城市遥感影像分类方法。

4.1 遥感影像的三种理解模式

遥感影像分类是一种典型的模式识别问题。对于遥感影像分类而言，模式所指的不是影像本身，而是我们从影像获得的信息。可以从三种不同的角度来分析和理解这种模式，如图 4-1 所示。

1. 影像空间

将遥感数据看成影像，是最接近于人的认知习惯的方法。这种理解方式提供了地理空间概念。在影像中各像素与地面景观中相应

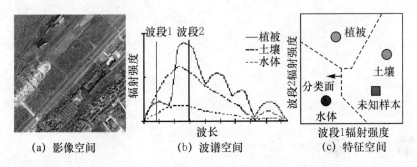

图 4-1　遥感影像的三种理解方式

范围内的地物相联系,像素之间的几何关系反映了现实地物之间的空间关系,因此人们可以对影像进行很直观的判读解译。事实上,在遥感影像分类中,样本获取的一种常用方法就是依据关于影像覆盖区实地的先验知识直接从影像中读取。另外,影像空间所提供的空间信息可以作为一种重要的分类辅助信息(常称之为上下文信息)。在较高空间分辨率的遥感数据分类中上下文信息尤为重要。影像空间这种表达方式的最大不足在于:人眼视觉系统只能感知单波段灰度影像或者三个波段组合成的(假)彩色影像,并不能充分地反映光谱遥感数据的全部信息。对于高光谱影像该问题更加突出。

2. 波谱空间

波谱空间可以理解为一个二维坐标空间,其中横坐标代表不同的波段,纵坐标代表辐射强度。不同地物在各波段有不同的电磁波反射和吸收特性,在遥感数据中表现为不同的辐射强度。从理论上讲,如果传感器的波谱范围足够宽、灵敏度和分辨率足够高,就能根据波谱曲线区分不同地物。因此利用波谱空间这种表达方式,人们可以非常直观地根据不同地物的波谱曲线分析它们内在物理性质的差别,或者反过来根据地物的不同物理特性,寻找可分性最强的波段。

3. 特征空间

把不同地物在两个波段的辐射强度值绘制在二维平面上,就可以得到一个二维特征空间。每个像素对应两个波段的辐射值,在该二维特征空间中可以表示为一个点,即二维向量。假如多光谱遥感数据中有 10 个波段,就可以将每个像素的 10 个辐射值表示为一个 10 维向量,它是 10 维特征空间中的一个点。

这种理解方式显然不够直观,人们难以想象高维空间中数据的分布方式。但在数学处理中,这样的表达方式却非常便于处理,而且可以充分地利用每个像素在所有波谱的信息。大多数模式识别方法都是首先通过某种方式确定不同类别样本在特征空间的分布区域,然后根据未知样本在特征空间中落在哪个区域中来判定其类别。以图 2.7(c)为例,根据其中的分类面,未知样本将分类为土壤。

有相当一部分模式识别方法(如神经网络)并不是直接在上述特征空间中分类,而是将数据映射到另外一个特征空间进行类别判断。为了论述的方便,本节在两类空间同时出现时称初始的特征空间为"输入空间",称映射变化后的特征空间为"特征空间"。

4.2 城市遥感影像非监督分类方法

非监督分类法的设计主要是将各种影像数据根据遥感影像地物的光谱特征分布规律,通过预分类处理来形成集群(聚类),再由集群的统计参数来调整预置的参量,接着再聚类,再调整,如此不断迭代直至有关参量的变动在事先选定的阈值范围内为止,通过这个过程来确定判决函数。代表性的方法包括 k 均值分类法和 ISODATA 分类法等。

4.2.1 k 均值分类

k 均值算法能使聚类域中所有样本到聚类中心的距离平方和最小。其主要步骤如下:

第一步:任选 k 个初始聚类中心:$Z_1^1, Z_2^1, \cdots, Z_k^1$(上角标记载为寻找聚类中的迭代运算次数)。用数组 classp[6 * clsnumber]来存储类中心的值,一般可选定样品集的前 k 个样品作为初始聚类中心。但是考虑到这样做不太有利于后面的算法收敛。因此采用了最大最小距离选心法。该法的原则是使各初始类别之间,尽可能地保持远离。

任意选取 50 个初始中心,将其值存入 iGrayValue[6 * 50]中,将

第一个点 X_1 作为第一个初始类别的中心 Z_1。

计算 X_1 与其他各抽样点的距离 D。取与之距离最远的那个抽样点(例如 X_7)为第二个初始类别中心 Z_2,则第二个初始类中心 $Z_2 = X_7$。

对剩余的每个抽样点,计算它到已有各初始类别中心的距离 $D_{ij}(i,j=1,2,\cdots,$已知有初始类别数 m),并取其中的最小距离作为该点的代表距离 D_j:

$$D_j = \min(D_{1j}, D_{2j}, \cdots, D_{mj})$$

在此基础上,再对所有各剩余点的最小距离 D_j 进行相互比较,取其中最大者,并选择与该最大的最小距离相应的抽样点(如 X_{11})作为新的初始类中心点,即 $Z_3 = X_{11}$,此时 $m = m+1$。

如此迭代直到 $m \geqslant$ clsnumber,即 $m = 0,1,2,\cdots,$clsnumber。

第二步:设已进行到第 k 步迭代。若对某一样品 X 有 $|X - Z_j^k|$ $< |X - Z_i^k|$,则 $X \in S_j^k$,以此种方法将全部样品分配到 k 个类中。即确定每个像素的类属 $k7$ 中,如 $k7 = 3$,即表示该像素属于第 3 类;并相应地将其赋值到 array 数组中,以便以后可以显示其分类结果。

第三步:计算各聚类中心的新向量值 classo[i];

$$Z_j^{k+1} = \frac{1}{n_j} \sum_{X \in S_j^k} X \quad (j = 1,2,\cdots,k) \quad \text{classo}[i] = \text{classo1}[i]/\text{NL}[i];$$

式中:n_j 为 S_j 中所包含的样品数;classo1[i] 表示所有属于第 i 类的像素的值的累加;NL[i] 表示属于第 i 类的像素总数;classo[i] 为重新分类后的聚类中心值。

因为在这一步要计算 k 个聚类中心的样品均值,故称为 k 均值算法。

第四步:若 $Z_j^{k+1} \neq Z_j^k$, $j = 1,2,\cdots,k$,则回到第二步,将全部样品 n 重新分类,重复迭代计算。若 $Z_j^{k+1} = Z_j^k$, $j = 1,2,\cdots,k$,则结束。在实现这一步的时候,根据需要设置了阈值 thresholdc,如果改变前后的类中心的差别在阈值范围内,则可以结束。即

$$((|\text{classo}[i]\text{-classp}[i]|)/\text{ckassp}[i]) < \text{thresholdc}$$

就可以结束算法。

k 均值算法的特点是:k 均值算法的结果受到所选聚类中心的个

数 k 及初始聚类中心选择的影响,也受到样品的几何性质及排列次序的影响。实际上,需试探不同的 k 值和选择不同的初始聚类中心。如果样品的几何特性表明它们能形成几个相距较远的小块孤立区,则算法多能收敛。图 4-2 给出聚类类别数为 5、最大改变阈值为 5、最大迭代次数为 5 时的 k 均值分类效果图。

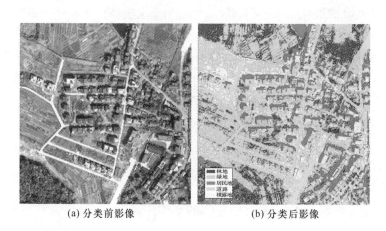

(a) 分类前影像 (b) 分类后影像

图 4-2　k 均值分类算法效果图

4.2.2　ISODATA 分类

迭代自组织的数据分析算法(iterative selforganizing data analysis techniques algorithm)亦称 ISODATA 算法。此算法与 k 均值算法有相似之处,即聚类中心也是通过样品均值的迭代运算来决定的。但 ISODATA 算法加入了一些试探性步骤和人机交互功能,能吸取中间结果所得到的经验。其主要是在迭代过程中可将一类一分为二,亦可能二类合二为一,亦即"自组织",故这种算法已具有启发式的特点。该算法将数据读入并选择某些初始值,也可在迭代运算中修改,以将 N 个模式样本按指标分配到各个聚类中心去。具体步骤为:

第一步:初始参数的确定。

K——预定的分类数;

θ_c——两类合并的阈值;

θ_s——类别的标准差阈值,如果大于该值则将该类分成两类;

θ_N——一个类别中最少的样本数目;

I—— 迭代限制次数;

L—— 每次迭代中允许合并的至多类别数。

第二步:将 N 个模式样本(X_i, $i = 1,2,\cdots,N$)读入,同时预选 N_c 个初始聚类中心。$\{Z_1,Z_2,\cdots,Z_{N_c}\}$,这里 N_c 与 K 不一定要求相等。

第三步:将 N 个模式样本分给最近的聚类中心 S_j,假如 $D_j = \min(|X - Z_j|)$,即 $|X - Z_j|$ 的距离最小,则 $X \in S_j$。如果 S_j 中的样本数目 $N_j < \theta_N$,则取消该类,同时 N_c 减去 1。

第四步:计算分类参数。

修正各聚类中心值:

$$Z_j = \frac{1}{N_j}\sum_{X \in S_j} X \quad (j = 1,2,\cdots,N_c)$$

各聚类域 S_i 中诸聚类中心间的平均距离:

$$\overline{D}_j = \frac{1}{N_j}\sum_{X \in S_j}|X - Z_j| \quad (j = 1,2,\cdots,N_c)$$

全部模式样本对其相应聚类中心的总平均距离:

$$\overline{D} = \frac{1}{N}\sum_{j=1}^{N_c} N_j \overline{D}_j$$

第五步:判别分裂、合并及迭代运算等步骤。

如果迭代运算已达 I 次,即最后一次迭代,置 $\theta_c = 0$,跳到第九步,运算结束。

如果 $N_c \leq K/2$,即聚类中心的数目等于或者不到规定的一半,则进入第六步,将已有的聚类分裂。

如迭代运算的次数是偶数,或 $N_c \geq 2K$,不进行分裂处理,跳到第九步;如不符合以上两个条件(如既不是偶次迭代,也不是 $N_c \geq 2K$),则进入第六步,进行分裂处理。

进行分裂处理通过函数来实现,最后返回一个布尔类型的值。具体为:

第六步:计算每聚类中样本距离的标准差向量:

$$\sigma_{ij} = (\sigma_{1j}, \sigma_{2j}, \cdots, \sigma_{nj})$$

其中:向量的各个分量为

$$\sigma_{ij} = \sqrt{\sum_{x \in S_j}(x_{ik} - z_{ij})^2 \frac{1}{N_j}}$$

式中:维数 $i = 1, 2, \cdots, n$,聚类数 $j = 1, 2, \cdots, N_c$。

第七步:求每一标准差向量 $\{\sigma_j, j = 1, 2, \cdots, N_c\}$ 中的最大分量,以 $\{\sigma_{j\max}, j = 1, 2, \cdots, N_c\}$ 代表。

第八步:在任一最大分量 $\{\sigma_{j\max}, j=1,2,\cdots,N_c\}$ 中,如果 $\sigma_{j\max} > \theta_s$,并且 $\{\sigma_{j\max}, j = 1, 2, \cdots, N_c\}$ 又满足以下两个条件之一:

$\overline{D}_j > \overline{D}$ 和 $N_j > 2(\theta_N + 1)$,即 S_1 中样本总数超过规定值一倍以上;

$N_c \leqslant K/2$

则将 Z_j 分裂成为两个新的聚类中心 Z_j^+ 和 Z_j^- 且 N_c 加 1,Z_j^+ 中相当于 $\sigma_{j\max}$ 的分量,可加上 $k\sigma_{j\max}, 0 \leqslant k \leqslant 1$。其中 Z_j^- 中相当于 $\sigma_{j\max}$ 的分量,可减去 $k\sigma_{j\max}$,如果本步完成了分裂运算则跳回第三步;否则,继续。

合并处理以获得新的聚类中心。

这一步通过 AFive 函数来实现。

具体为:

第九步:计算全部聚类中心的距离

$$D_{ij} = |Z_i - Z_j|, \ i = 0, 1, \cdots, N_c - 1; \ j = i + 1, \cdots, N_c$$

第十步:比较 D_{ij} 与 θ_c 的值,将 $D_{ij} < \theta_c$ 的值按最小距离的次序递增排列,即

$$\{D_{i_1 j_1}, \cdots, D_{i_j j_l}\} \quad (\text{式中}: D_{i_1 j_1} < \cdots < D_{i_j j_l})$$

第十一步:如将距离为 $D_{i_1 j_1}$ 的两个聚类中心 Z_{i_1} 和 Z_{j_1} 合并得新中心为

$$Z_1^* = \frac{1}{Z_{il} + N_{jl}}[N_{il}Z_{il} + N_{jl}Z_{jl}], l = 1, 2, \cdots, L$$

式中:被合并的两个聚类中心向量,分别以其聚类域内的样本数加权,使 Z_1^* 为真正的平均向量,且 N_c 减去 L。

再次迭代运算,重新计算各项指标,判别聚类结果是否符合要求。经过多次迭代运算后,若结果收敛,运算结束。图 4-3 给出聚类

类别数为 5、最大改变阈值为 5、最大迭代次数为 5 的 ISODATA 分类效果图。

(a) 分类前影像　　　　　　　　(b) 分类后影像

图 4-3　ISODATA 分类算法效果

4.3　城市遥感影像监督分类方法

城市遥感影像监督分类方法是根据类别训练区域提供的样本，通过选择特征参数，让分类器学习，待其掌握了各类别的特征之后，按照分类决策规则对待分像元进行分类的方法。常用方法包括最小距离法分类、最大似然法分类和马氏距离法分类等。需要注意的是，区域的选择要有代表性，否则分类的结果将会不准确。

4.3.1　最小距离法分类

假定初拟分类 c 个类别，分别是 $\omega_1, \omega_2, \cdots, \omega_c$，则最小距离分类的原理是：

(1) 取 c 个类别的训练区域，第 i 个类别训练区域 T_i 的样本个数为 N_i，计算每个类别的均值 (m_i 或 μ_i)：

$$m_i = \frac{1}{N_i} \sum_{y \in T_i} y$$

具体地,若样本 y 由 k 个波段组成,则均值 m_i 是 k 维向量,每个分量是训练区域相应波段的像素均值。

(2)扫描图像,对每个像元 y,分别计算 y 到每个类中心的距离:

$$D_i = \| y - m_i \|_2 = \sqrt{\sum_{k=1}^{k}(y_k - m_{ik})^2}$$

若 $D_i = \min_{j \in [1,c]} D_j$,则 $y \in \omega_i$。

注意:最小距离监督分类方法可以从以下几方面考虑算法的扩展:

(1)上述的距离可以是绝对距离(city block)或其他距离。

(2)分类判决可以考虑使用门限阈值 D_T,即

若 $D_i = \min D_i \leq D_T$,则 $y \in \omega_i, j \in [1,c]$;否则,$y$ 属于拒绝类。

阈值 D_T 的选择与各特征波段的标准偏差有关,可以事先求出各类组的训练样本的标准偏差或标准偏差的均值,并根据专业知识和经验考虑门限阈值的设置。如监督平行六面体的分类判据是:若 $|y_k - m_{ik}| < \sigma_{ik}$,则 $y \in \omega_i$;否则 y 属于拒绝类。

其中 m_{ik} 是类别 i 训练样本 k 波段的均值,σ_{ik} 是训练样本在 k 波段的方差。

(3)分类判决中可以考虑 k 近邻法。直观地说,取未知样本 y 的 k 个近邻(与波段数无关),看这 k 个近邻中多数属于哪一类,就把 y 归于哪一类。更进一步,还可考虑距离加权的 k 近邻法,即计算未知样本与 k 个近邻训练样本的距离,并将距离的倒数作为权赋予 k 个近邻样本,将权大的近邻的归属作为未知样本的归属。

基于最小距离法的分类算法流程图参见图 4-4。

对于图 4-5(a)所示的原始影像,分类效果如图 4-5(b)所示(图见下页)。

4.3.2 最大似然法分类

最大似然法是一种应用非常广泛的监督分类方法。分类中所采用的判别函数是每个像素值属于每一类别的概率或可能性。光学遥感影像通常假定波谱特征符合正态分布,即其概率密度函数为:

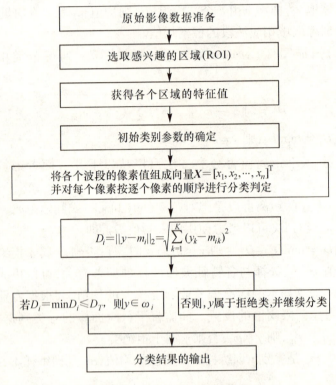

图 4-4 最小距离算法数据流程图

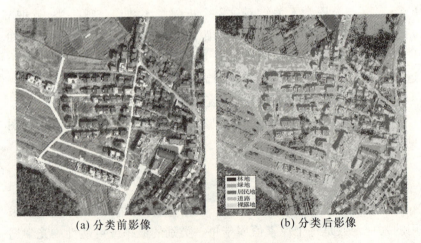

(a) 分类前影像　　　　　　(b) 分类后影像

图 4-5 最小距离分类算法效果

$$p(f|\omega_i) = \frac{1}{|C_i|^{1/2}(2\pi)^{k/2}} e^{-(f-m_i)^T C_i^{-1}(f-m_i)/2}$$

于是，k 维类 ω_i 的最大似然决策函数：

$$D_i(f) = \ln[p(\omega_i) \times p(f|\omega_i)] = \ln P(\omega_i) + \ln P(f|\omega_i)$$

$$= \ln P(\omega_i) + \ln \frac{1}{|C_i|^{1/2}(2\pi)^{k/2}} e^{-(f-m_i)^T C_i^{-1}(f-m_i)/2}$$

其中：m_i 指类 ω_i 的均值向量；C_i 指类的协方差矩阵。由此，有

$$D_i(f) = \ln p(\omega_i) - \frac{1}{2}\{K\ln 2\pi + \ln|C_i| + (f-m_i)^T C_i^{-1}(f-m_i)\}$$

对于任何一个像元值，其在哪一类中的 $D_i(f)$ 最大，就属于哪一类。

基于最大似然法的分类算法流程图参见图 4-6。

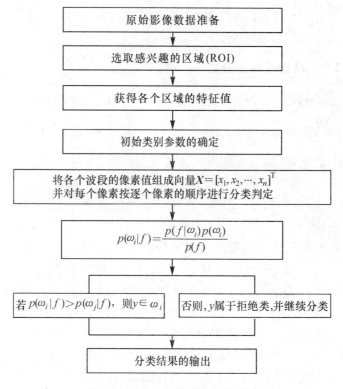

图 4-6 最大似然算法数据流程图

对于图 4-7(a)所示的原始影像,分类效果如图 4-7(b)所示。

(a) 分类前影像　　　　　　　　(b) 分类后影像

图 4-7　最大似然分类算法效果

4.3.3　马氏距离法分类

由 Bayes 准则出发,可以得到 Bayes 判决函数 $d_i(x)$ 如下:

$$d_i(x) = \ln p(W_i) - \frac{1}{2}\ln|\Sigma_i| - \frac{1}{2}[(x-M_i)^T \cdot (\Sigma_i)^{-1}(x-M_i)]$$

从上式出发,如果考虑下列条件成立:

$$P(W_i)/|\Sigma_i| = p(W_j)/|\Sigma_j|$$

或 $P(W_i) = P(W_j)$,并 $|\Sigma_i| = |\Sigma_j|$,则在判决规则中 $P(W)$ 和 $|\Sigma|$ 可以消去不计。

据此可以获得马氏距离判决函数:

$$d_{M_i}(x) = (x-M_i)^T \cdot (\Sigma_i)^{-1} \cdot (x-M_i)$$

其几何意义是 X 到 W_i 类重心 M_i 之间的加权距离,其权系数为各维方差或协方差 σ_{ij}。同时,从上述条件可见,马氏距离判决函数实际是在各类别先验概率 W 和集群体积 $|\Sigma|$ 都相同(或先验概率与体积的比为同一个常数)情况下的 Bayes 判决函数。

基于马氏距离法的分类算法流程图参见图 4-8。

对于图 4-9(a)所示的原始影像,分类效果如图 4-9(b)所示。

第 4 章　城市遥感影像分类　53

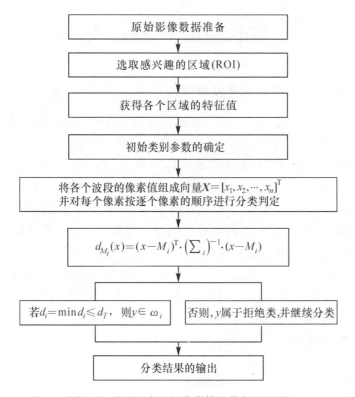

图 4-8　马氏距离监督分类算法数据流程图

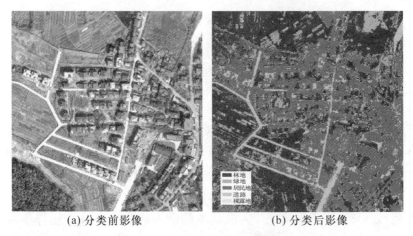

图 4-9　马氏距离监督分类算法效果

4.4 城市遥感影像新型分类方法

4.4.1 人工神经网络分类法

人工神经网络(artificial neural network,ANN)的概念在20世纪40年代提出,是以模拟人的神经系统的结构和功能为基础而建立的一种信息处理系统,由大量简单的处理单元(神经元)连接而成,模仿人的大脑进行数据接收、处理、存储和传输,是人脑的某种抽象、简化和模拟。它属于非线性学科,由于具有强抗干扰性、高容错性、并行分布式处理、自组织学习和分类精度高等特点而得到广泛应用。

人工神经网络遥感影像分类是近年来发展起来的综合数据分类方法之一。其目标是利用人工神经网络技术的并行分布式知识处理手段,以遥感影像为处理对象,建立基于ANN的遥感影像分类专家系统。目前处于应用和研究中的ANN模型很多,表4-1列举了几种有代表性的模型。

表4-1   几种典型的ANN模型

ANN模型名称	学习规则	主要用途
ART1、ART2	竞争学习	复杂模式分类
BM	模拟退火	组合优化
Hopfield	无	优化、联想
BSB	HEBB规则	分类
RBF	误差传播修正	模式识别
BP	误差传播修正	模式识别

基于人工神经网络的遥感影像分类包含两个步骤:一是根据选区的样本数据,网络进行自学习(训练);二是利用学习结果对整幅遥感图像进行分类。网络训练过程为:将训练数据逐个输入网络进行正向计算,求出网络对每一个样本在输入层的输出误差,然后反向传播对连接权值进行修正,完成样本的学习过程。完成一轮样本的学习后,将所得各样本的误差求和求其平均值。如果平均误差未达

到预定的精度,则进行新一轮的学习,直到满足精度要求。网络学习完成后将影像中的像素灰度规格化后逐一输入网络,然后将网络输出结果与每一类期望输出值进行比较,将像素判决分类到误差最小的一类。具体流程图参见图 4-10,图 4-11 给出神经网络分类结果。

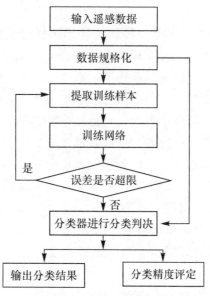

图 4-10 神经网络分类流程图

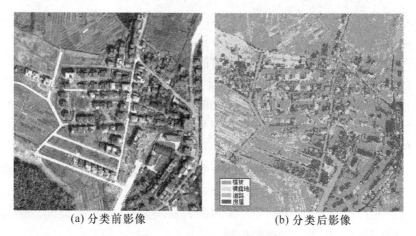

(a) 分类前影像　　　　　　　(b) 分类后影像

图 4-11 神经网络分类结果

4.4.2 面向对象的分类方法

传统的基于单个像素的分类方法,如最小距离法、最大似然法等,主要根据地物的光谱特性进行分类,这种以单个像素为单位的技术过于着眼于局部而忽略了整个区域的几何结构,从而严重制约了信息提取的精度。

面向对象分类技术是一种新的遥感影像分类技术,与传统的分类方法相比,面向对象分类针对的是影像对象而不是基于单个的像素。首先,对影像进行分割获得同质对象,影像对象包含了许多可用于分类的特征,如光谱、形状、大小、结构、纹理、空间关系等信息;然后,根据遥感影像分类或者地物目标提取的具体要求,选择和提取影像对象的特征,并利用这些特征或特征组合,结合专家知识进行遥感影像分类。eCognition 软件作为第一款面向对象的图像分析软件,其成功研制与发布,在一定程度上推广了面向对象的分类方法,使其从研究实验转向实际应用。

作为获取影像对象的重要手段,影像分割方法的优劣直接影响着影像分类结果的好坏。按照遥感影像分割算法的特征,具体可分为以下几类。

1. 基于阈值的分割方法

阈值分割算法作为一种简单实用的分割算法,在所有图像分割方法中种类最多、研究最广,其主要特点是原理清晰,计算简洁。阈值分割算法中的大多数算法都是基于直方图统计信息,即根据直方图波峰的分布来选取阈值,然后对图像进行分割。阈值分割技术分为单阈值法和多阈值法。在单阈值法中,整个图像分成两个区域,即目标对象和背景;当整个图像由几个带有不同特征的对象组成时(对于灰度图像,表示具有不同灰度值的目标),需要几个不同的阈值,这就是多阈值法。

阈值分割的实质是按照某一个准则求出最佳阈值的过程,再将图像中像元灰度和选取的阈值作对比,根据比较的结果将该像元划分到相应的区域类别中去。常用的算法有 Otsu 的最大类间差法及 Kitter 的最小误差法、统计法等。

2. 基于边缘的分割方法

一幅图像中的不同对象区域之间总存在边缘,边缘是灰度或颜色值不连续(突变)或者至少是特征变化较大的结果,图像中的边缘含有丰富的信息。基于边缘的图像分割方法也是人们研究的热点。它试图通过检测包含不同区域的边缘来解决图像分割问题。基于不同区域之间的边缘上像素灰度值的变化往往比较剧烈,一般利用图像一阶导数或二阶导数的过零点信息,来提供判断边缘点的基本依据。

常用的方法有微分算子法和串行边缘检测算法。影像中相邻的不同区域间总存在边缘,边缘处像元的灰度不连续可通过求导来检测,如一阶微分算子有 Roberts、Prewitt 和 Sobel 算子,二阶微分算子有 Laplace 和 Kirsh 算子等。串行边缘检测算法是先检测边缘再串行连接成闭合边界的方法,这种方法在很大程度上受起始点的影响。

3. 基于区域的分割方法

区域算法是基于这样的假设:同一区域(或目标)的像素具有某种共性,比如灰度、纹理,而其他区域却不具有这种特性,从而将目标分离出来。区域分割的实质就是把具有某种相似性质的像素连通起来,从而构成最终的分割区域。它利用了图像的局部空间信息,可有效地克服其他方法存在的图像分割空间不连续的缺点。

区域生长和分裂合并法是两种典型的区域特征分割法。区域生长的基本思想是将其具有相似特性的像元集合起来构成区域。首先每个需要分割的区域确定一个种子像元作为生长起点,然后按一定的生长准则把它周围与其特性相同或相似的像元合并到种子像元所在的区域中。把这些新像元作为种子继续生长,直到没有满足条件的像元可被包括,这时生长停止,一个区域就形成了。

分裂合并法的基本思想是从整幅影像开始通过不断分裂合并得到各个区域。分裂合并法的关键是分裂合并准则的设计。这种方法对复杂影像的分割效果较好,但算法较复杂,计算量大,分裂还可能破坏区域的边界。

目前流行的分形网络演化分割方法(fractal net evolution approach, FNEA)就是这类分割方法的典型代表。FNEA 算法的分割效果如图 4-12 所示。

(a) 分割前影像　　　　　　　　(b) 分割后影像

图 4-12　FNEA 分割算法分割结果

4. 基于特定算法的分割方法

由于图像分割理论尚不完善，缺乏通用性，随着各种新理论的提出，出现了许多和特定理论方法相结合的遥感图像分割算法。

(1) 基于数学形态学的方法。该分割方法的基本思想是用具有一定形态的结构元素去度量和提取影像中的对应形状以达到对影像分析和识别的目的。利用膨胀、腐蚀、开运算、闭运算四个基本运算进行推导和组合，可以产生各种形态学实用算法，其中结构元素的选取很重要。腐蚀和膨胀对于灰度变化较明显的边缘作用很大，可用于构造基本的形态学边缘检测算法，具有代表性的是分水岭算法。在实际应用中，分水岭算法不仅是一个有效的基于数学形态学的纹理分割方法，还可以与其他的分割算法相融合，对遥感影像进行初始分割，为其他算法提供区域对象，避免从像素开始处理带来的巨大计算量，又能很好地找到地物边界(见图 4-13)。

(2) 借助统计模式识别方法的分割技术。将目标的几何与统计知识表示成模型进行匹配或分类，或者将分割看成一个组合优化问

第 4 章 城市遥感影像分类 59

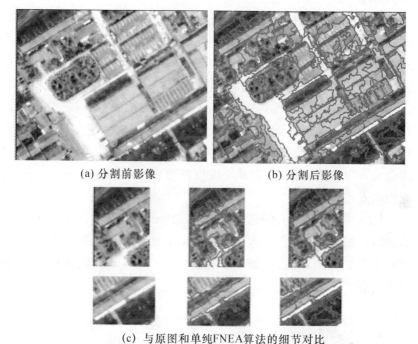

(a) 分割前影像 (b) 分割后影像

(c) 与原图和单纯FNEA算法的细节对比

图 4-13 分水岭与 FNEA 相融合的分割算法

题,根据具体任务优化目标函数,再求解该目标函数在约束条件下的最优解,或者基于先验知识的分割目标模型,通过能量函数用动态轮廓模型来逼近目标的真实模型。

(3)基于信息论的分割方法。人类视觉的各层次均有一定的模糊性和随机性,利用信息论中熵的概念来描述这些模糊性和随机性,借助求熵的极值方法来实现图像分割,如最大后验熵法、最小熵相关法、二维最大熵法等。

(4)基于模糊理论的分割方法。模糊理论具有描述事物不确定性的能力,适合于影像分割问题。近年来,出现了许多模糊分割技术,在影像分割中的应用日益广泛。目前,模糊技术在影像分割中应用的一个显著特点就是它能和现有的许多影像分割方法相结合,形成一系列的集成模糊分割技术,例如模糊聚类、模糊阈值、模糊边缘检测技术等。

(5) 基于小波分析的分割方法。小波变换在时域和频域都具有良好的局部化性质，而且小波变换具有多尺度特性，能够在不同尺度上对影像进行分析，在影像处理和分析等多方面得到应用。二进小波变换具有检测二元函数的局部突变能力，可作为影像边缘检测的工具。影像的边缘出现在影像局部灰度不连续处，对应于二进小波变换的模极大值点。因此通过检测小波变换模极大值点可以确定影像的边缘。小波变换位于各个尺度上，而每个尺度上的小波变换都能提供一定的边缘信息，因此小波变换可用于多尺度分割，得到比较理想的效果。

针对图 4-14 所示的武汉市 QuickBird 原始影像，包含城市湖泊、林地、城市绿地、居民地、道路等多种地物类型，采用本节介绍的面向对象的分类方法，依处理步骤，可得到图 4-15 到图 4-17 所示的分类结果。

图 4-14　用于分割的武汉市 QuickBird 原始影像

第4章 城市遥感影像分类　61

图 4-15　分割尺度为 20 的预分割结果

图 4-16　同类合并后的分割结果

图 4-17 分类后的结果

第 5 章
城市线状地物的提取

城市线状地物很多,城市道路、铁路、立交桥的边界在遥感影像上都呈现出线状特征。城市线状地物与其他类型的城市地物的区别主要体现在几何特性上。本章在介绍线状地物特性的基础上,探讨其特征提取的一般流程,并重点阐述城市道路、铁路和立交桥的提取方法。

5.1 城市线状地物的特性

光谱特征是从遥感影像上提取出城市线状地物的基础,同时,可以借鉴相关知识和约束。以道路为例,Vosselman 和 Knecht 从几何、光度或辐射度、拓扑、功能、关联(上下文)等五个方面来描述其特性。道路的光度、几何与拓扑特性是景物域的特征在影像域的投影,道路的功能和关联特性是其在景物域或物方空间的知识,偏重于语义描述,二者有着直接对应的关系。图 5-1 示意了城市线状地物的各类特性。

目前,针对城市线状地物提取(特别是道路提取)的研究越来越重视关联(上下文)知识的运用,因此完整、准确的目标描述特别是相关目标之间相互关系的研究是非常重要的。表 5-1 总结了这些相互关系。

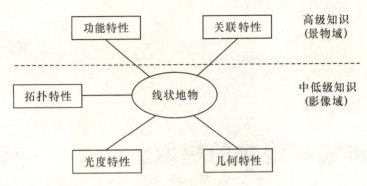

图 5-1 城市线状地物的特性

表 5-1　　　　城市线状地物的相互关系简表

地物类型	铁路	河流	机动车道	树木行	篱笆
铁路	小曲率;在城区常相互平行	相互独立;接近正交方向可能有桥或隧道	相互独立;接近正交方向可能有桥或隧道	在城区常接近平行	接近相互平行
河流			常形成 Y 形分叉	常形成正交方向	常平行	比较独立
机动车道				常有明显的连接	大部分情况下相互独立	互相平行
树木行					大多不相关	常难以区分
篱笆						拓扑关系有 T 形或十字形的连接

5.2 城市线状地物提取方法

顾名思义,城市线状地物提取,就是从城市遥感影像上提取出线状地物的矢量特征。根据自动化程度不同,城市线状地物提取方法可分为人工跟踪方法、半自动提取方法和自动提取方法。人工跟踪方法是最为原始的方法,但却是生产单位长期以来都在使用的实用方法,现在的数字摄影测量工作站都能提供这样的功能。自动提取方法是线状地物提取的最终目标,自动提取道路等线状地物的研究进行了二十多年,目前已有很多尝试,也取得了实验性的初步成果,但是仍然没有出现一个实际生产可用的实用系统(无需人工干预的全自动提取系统),这些成果要从实验走向实用,还需要一段时间。鉴于实际应用的考虑,由人工干预或人工引导的半自动提取方法将人的模式识别能力和计算机的快速、精确的计算能力有机地结合起来,在目前的条件下能达到较大地提高线状地物目标提取的效率和减轻劳动强度的目的。

5.2.1 城市线状地物自动提取方法

可用于城市线状地物提取的影像有不同的类型,如航空、卫星遥感影像等,对应着不同的影像分辨率;同时,城市不同功能区域有着不同的道路类型,如:铁路、街道、高速公路、立交桥等。针对不同的道路类型和可用的影像类型,发展了不同的自动提取方法。

Bajcsy 和 Tavakoli 于 1976 年从 Landsat-1 的 MSS 多光谱扫描影像上主要依据光谱信息,首先在 Band2 设一阈值,用 52 个模板寻找道路。在道路跟踪阶段,根据断裂距离进行连接,实现道路的自动提取。该方法过于依赖光谱信息(而道路的路面可以由不同的材料组成),并且较少顾及几何约束。

Quam 于 1978 年用一个表面模型与路径模型从高分辨率的航空影像提取并检测车辆。Nevatia 和 Babu 于 1980 年以与提取梯度方向相对平行的边缘为基础,首先提取边缘,再选取梯度幅度阈值并将近似方向的点连成线段,最后将之编组成相对平行的线对。该方法基于道路的对比度不变的不完备假设,也产生了很多问题。文贡坚等人于2000年提出了一种从城市航空影像自动提取城市主干道路网的方法:先将整幅影像分块,对每一个子块基于直线提取检测道路段,再自动连接形成道路网。该方法的特点在于以直线作为中层符号,运用稳健的直线提取算法,对直线道路的提取有较好的效果。

纵观上述方法,目前还没有一种针对所有道路类型和比例尺(分辨率)影像的通用提取策略和算法。目前的研究趋势是不仅重视道路的几何与辐射度属性,而且综合利用其关联信息、拓扑特性来进行道路段的自动连接而达到道路网的自动提取。

城市线状地物(主要指道路)的自动提取方法一般可总结为以下四个主要步骤:

(1)道路特征的增强,例如图像滤波和小波变换等。

(2)道路"种子点"的确定,用于确定可能的道路点。目前有基于像素分类、边缘检测和模板匹配等多种道路点检测算子。

(3)将"种子点"扩展成段。常用的有基于规则的边缘点自动连接、动态规划、卡尔曼滤波等方法。

(4)道路段的确认,自动连接(并形成道路网等)。这一步骤可采用自动编组算法,顾及上下文知识的连接假设生成和假设—验证、地物的语义关系表达、多源数据的融合等高水平的自动影像解译方法。

5.2.2 城市线状地物半自动提取方法

摄影测量与遥感界对从遥感影像上半自动提取线状地物进行了深入的研究,提出的方法包括基于经典的边缘检测算法的提取方法、基于优化算子的线状地物提取方法和面向对象分割的提取方法等。

1. 经典的边缘检测算法

所谓边缘是指其周围像素灰度急剧变化的那些像素的集合,它是影像最基本的特征,遥感影像上目标的边缘在影像上表现为灰度的不连续性,存在于目标、背景和区域之间。边缘检测是影像分割所依赖的重要依据,是从遥感影像中提取地物形状特征最为简单易行的有效方式。传统的边缘检测算子(如Robertes、Sobel、Prewitt等)主要是考虑图像的某个邻域内的每个像素的灰度变化,根据边缘邻近一阶或二阶方向导数变换规律来检测边缘。传统的边缘检测算子在提取城市道路时的缺陷主要表现在：很难可靠地确定边缘的存在和边缘存在的位置，因为真实的灰度变化不一定是阶跃的，基于阶跃变化假定的算子将要检出多个边缘。因此，出现了多种改进方法，这些新的算子大致可以分为三类：最优算子、多尺度算子、自适应算子。Canny 边缘检测算子就是一种最优算子，是目前被广泛使用的边缘检测方法。

2. 基于优化算子的线状地物提取方法

半自动的提取大多基于对线状特征的灰度特征和几何约束的整体优化计算，包括动态规划、可变模型或 Snakes 方法、最小二乘 B 样条与 Snakes 相结合的 LSB-Snakes 方法等。它们的区别在于优化计算的手段有所不同。例如，A. Gruen 等人通过给出特征点的初始值，以最小二乘平差模型估计模板与影像之间的几何变形参数，这样可以方便地加入各种约束条件。解算和精度评定方法比较成熟，可获得较高的精度。动态规划模型将初始曲线的变形归结为外部约束、内在约束（几何约束）和影像特征引起的"势能"，由三者和的能量极值点作为结果，可以扩展到三维。另外，还可以采用将最小二乘 B 样条与 Snakes 相结合的方法，实现线状特征的样条描述和提取。

3. 面向对象分割的提取方法

面向对象分割方法在遥感领域中的应用非常广泛。例如，从多光谱或 SAR 遥感影像中分割和提取目标；分析遥感云图中的不同云系和背景分布；在高分辨率城市影像分析中，把车辆或建筑物目标从背景中分割并识别等。在所有这些应用中，分割通常是为了进一步对影像进行分析、识别、压缩编码等，分割的准确性直接影响后续任务的有效性，因此具有十分重要的意义。

面向对象分割方法具有两个重要的特征：一是利用对象的多特征，二是可用不同的分割尺度生成不同尺度的影像对象层，所有地物类别并不是在同一尺度的影像中进行提取，而是在其最适宜的尺度层中提取，充分利用遥感影像的蕴含信息。面向对象分割方法克服了传统分类方法的两个缺陷：几乎所有的传统分类方法均基于像素级的处理；不同的影像目标处理均在同一尺度层次内进行。

分割后的影像区域的一致性属性级别不同,通常表现为:

(1)像素级。分割出的区域,具有像素级上特征的一致性,通常表现为灰度、色彩范围的一致性,如通过设定像素阈值提取出的区域。

(2)区域级。分割出的连通区域,具有区域级上特征的一致性,通常表现为纹理特征、区域形状特征等方面的一致性,如利用纹理特征提取出的草地区域。

(3)对象级。分割出的连通区域,具有对象意义上的一致性。也就是说,整个区域或者同隶属于某一个对象区域,或者同隶属于非对象区域。

5.3 城市线状地物提取流程

为了从影像上提取城市线状地物,进行城市线状地物的更新,目前只能采用交互式半自动提取的策略,来提高效率和减轻劳动强度。算法和提取策略的设计除了要保证高成功率和精度外,还应当遵循以下原则:

(1)操作员的输入应当简单,如输入少量种子点或拉框确定感兴趣区域等简单操作。

(2)实时响应提取结果。

(3)允许提取结果的回退操作,确保成果的有效性。

为了遵循这些原则,在实际操作中可采用如下的具体策略:

(1)在依次输入的人工点形成的各段内,以快速的模板匹配和基于神经网络的优化计算,快速提取出线特征的初始值;

(2)基于平差模型的自适应模板匹配对每段进行相对独立的提取,即提取各段连续的二次曲线。

(3)由上述提取的结果作为初值,基于最小二乘样条曲线提取算法对其进行精确定位。

图5-2给出一个线状地物半自动提取流程图,对于每条线的提取,操作员可以进行多级回退操作,并将快速地提取初值与最小二乘平差模型对特征的精确定位结合起来,在不同的阶段调用不同的算法。

第 5 章 城市线状地物的提取　69

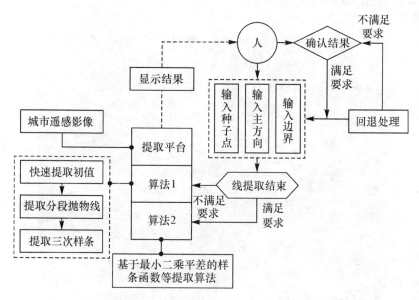

图 5-2　线状地物半自动提取流程图

5.4　城市道路的提取

　　目前城市道路提取方法主要针对中、低分辨率城市影像,且大多采用基于灰度形态分割的道路提取模型。针对城市高分辨率遥感影像,提取道路等线状地物的特征难度很大,主要表现在:在高分辨率遥感影像上道路有一定的宽度、噪声变大(车辆、行车线、树木)、遮挡严重、道路与路边背景材质接近等。图 5-3 给出一幅包含多种噪声的城市道路遥感影像。

　　城市主要道路一般采用基于结构信息的候选道路段提取方法,提取线特征分两步:首先提取反映灰度变化的基本单元——边缘,其次再将这些边缘连接为有意义的线特征。通常将前者称为边缘检测,后者称为边缘连接或边缘跟踪。基于 Canny 算子的道路提取流程如图 5-4 所示。针对图 5-5 所示的包含城市道路的遥感影像,采用如图 5-4 所示的流程可得到如图 5-6 所示的检测结果,进一步交互提取出如图 5-7 所示的城市道路。

图 5-3　包含多种噪声的城市道路遥感影像

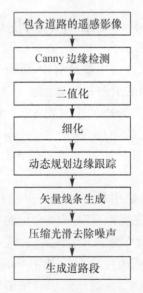

图 5-4　基于结构信息的城市道路提取流程图

图 5-5　城市道路遥感影像

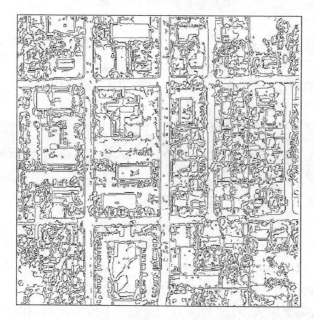

图 5-6　道路影像边缘检测结果

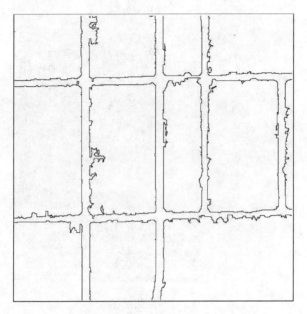

图 5-7　提取出的道路矢量

对道路特征信息明显的影像,基于结构信息的候选道路段提取方法才能获得较好的提取效果。对道路特征信息不明显的影像,则需要采用如图 5-8 所示的多种引导方式,进行交互式提取。

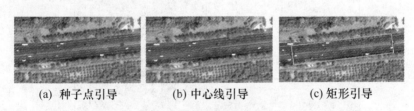

(a) 种子点引导　　　(b) 中心线引导　　　(c) 矩形引导

图 5-8　道路提取中的引导方式

例如,对图 5-9 的弯曲道路,采用如图 5-8(a)所示的种子点引导方法,并结合一定的样条函数可实现道路段分段提取。

有时,需要输入一对"种子点"定义一个搜索范围,在这个范围内重采样一个影像段,在影像段的局部坐标系下,基于模板匹配和优

图 5-9 采用种子点和样条函数相结合实现弯曲道路分段提取

化计算方法,快速地获得线特征的初始位置。为了获得线特征更好更精确的形状描述,将影像段局部坐标系下的形状限定为一条抛物线,且每段之间抛物线是连续的。在以离散点拟合出初始点抛物线以后,可采用自适应的最小二乘模板匹配求取其精确值。

5.5 城市铁路的提取

与城市普通道路不同的是,穿过市区的铁路通常比较开阔,且材质一致。因此,可采用基于面向对象分类的提取方法。面向对象分类方法可以充分挖掘高分辨率影像丰富的光谱、形状、结构、纹理、相关布局以及影像中地物之间的上下文信息,并可以结合专家知识进行分类,这样不仅可以显著提高分类精度,而且使分类后的影像含有丰富的语义信息。

但面向对象的遥感影像分类方法存在两个技术难点。

1. 如何选择多尺度分割的关键参数

选择不同的尺度参数,直接影响到最终的分割结果,而尺度参数基本上靠人工选取,完全依赖于使用者的专业知识和经验,这使得多尺度分割具有一定的主观性，同时不利于海量数据的自动化处理。

2. 特征选择和组合

由于分类规则依赖于不同的影像特征，因此如何选取合适的特征和特征组合，以利于遥感影像分类或目标地物提取，也是该技术的难点之一。针对如图 5-10 所示的城市铁路高分辨率遥感影像，采用面向对象的提取方法，首先得到如图 5-11 所示的分割结果，然后经过人机交互合并等处理，得到如图 5-12 所示的铁路提取结果。

图 5-10 包含城区铁路的 QuickBird 遥感影像数据

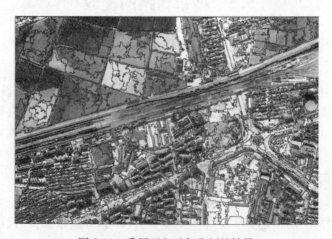

图 5-11 采用面向对象分割的结果

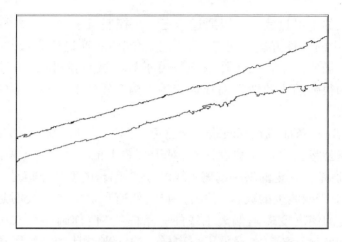

图 5-12　分割合并后提取的城区铁路道路段

5.6　城市立交桥的提取

立交桥是道路中最复杂的部分,一般由数座(或数十座)跨桥组成,且一般具有两层(或多层)在空中相互交叉的路面。立交桥具有介于地形与建筑物之间的特征,它与地形的相似之处在于立交桥桥面是一种空间连锁曲面,且有一部分与地面直接相连;与建筑物相似之处在于立交桥的空中部分具有相对规则的形体并有一定的类似房屋的附属设施。

1. 基于样条函数的提取方法

当前,很多半自动提取曲线的方法都是首先基于种子点提取各段连续的抛物线,然后采用模板匹配对一条线特征进行整体几何描述。由于立交桥空间结构的复杂性,二次抛物线难以模拟其曲线轮廓,因此必须寻找更高次的描述曲线形状的方法。自 1946 年美国数学家 Schoenberg 提出样条函数以来,样条函数以其构造简单、易于计算等特点被广泛用于科学计算、工程设计和计算机辅助设计等领域,成为最重要的曲线和曲面构造方法之一。每段样条边界处满足特定的连续条件,从而保证分段参数曲线从一段到另一段的平滑过渡。可以通过给定一组控制点来得到一条样条曲线，其中的一种方法是使得选取的多项式曲线通过所有控制点，称为三次插值样条。三次样条函数由于具有极小模性质、最佳逼近性质和很强的收敛性等而成为应用于构造插值曲线和曲面的最主要方法。

三次样条曲线在互通式立交匝道端部设计中有着广泛的应用。在高速公路互通式立交设计时，对于直线上的车道驶入（驶出）道口，匝道是按一定的斜率偏离主线的，这时斜行的变速车道是一条直线，而对于曲线上的驶入（驶出）道口，变速车道不是直线而是按斜率规定的偏离度逐渐偏离主线的一条曲线（俗称圆曲线或缓和曲线），因此设计部门常常采用三次样条曲线来设计和计算匝道端部曲线。三次样条函数也常常用于指导施工单位的线形敷设，如根据样条函数计算加密施工控制点，或进行实地敷设平面曲线。目前在公路的平面曲线设计中，主要以直导线与圆曲线的组合以及直导线与缓和曲线的组合为主，在解决曲线的顺适性（光滑性）方面，在当前立体交叉桥的环道线形设计中，以及在一些发达国家的公路平面设计中，正在突破常规的设计模式，采用样条函数设计公路平面曲线。设计中通常根据控制点的坐标，采用有连续二阶导数的光滑平面曲线。这些来自设计和施工领域的方法，可以作为采用三次样条提取立交桥的依据和借鉴。例如，胡翔云采用三次 Cardinal 样条实现了对普通道路段的提取，并通过在曲线段的公共部分匹配参数的导数来建立参数连续性。

2. 基于改进模糊边缘检测的立交桥边缘提取方法

传统的边缘检测算子根据边缘邻近一阶或二阶方向导数变换规律来检测边缘，对边缘信号和噪声信号不加区分，往往在图像边缘对比度较大的情况下才能获取较好的边缘提取效果。针对此缺点，Pal 和 King 于 1983 年提出模糊边缘检测方法，将模糊理论应用于影像特征提取的边缘检测方法，充分利用了图像所具有的不确定性往往是由模糊性引起的这一特性，目前已经在模式识别和医学图像处理中获得了较为深入的应用。图 5-13 给出二维立交桥检测流程图。

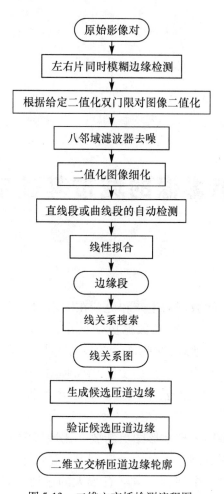

图 5-13 二维立交桥检测流程图

第 6 章
基于遥感影像的城市基础空间数据更新

城市基础空间数据的生产和更新在国家基础信息构架中占有重要的地位,各种比例尺空间数据更是城市的基础空间信息,数字城市、数字中国、数字地球,这些概念的核心都是空间信息以及基于数据的服务。而基础测绘的数据更新仍面临着一些基础性问题,它已经成为测绘行业的生产技术改造和测绘产品模式的更新换代的瓶颈。

世界上许多国家把地形图更新放在比地形图测绘更为重要的地位。地图的更新修测并不是一个新问题,几乎每个国家的测绘工作者都试图去解决这个问题。虽然有很大的进展,但离终极目标还有一段距离:目前的许多解决方案还不能适用不同比例尺地形图的修测和更新。发达国家起步较早,在数据的获取、更新、运行和管理方面已建立了空间数据资源规范化、标准化的体系和运行机制。英、美等国家采用的是国家和州两级管理体系,国家和州政府有专项资金用于数据的生产和更新,而州下面的各市、地区几乎是无成本地共享基础空间数据资源。城市空间基础地理数据库都已建立,库中内容丰富,现势性强,而且库与发布网站相联,各行业的 GIS 系统与政府的网站都有链接。另外,日本、美国等发达国家还拥有许多社会化的数据生产公司,这些公司主要进行各类空间地理信息数据的调查和收集,并进行数据快速更新(以月为单位)。

6.1 城市基础空间数据更新的内容

基础地理信息数据库更新涉及全国范围内基础地理要素位置变化及属性变化的确定和测定,这些要素包括道路、水系、居民地、地形、地名、行政界线等,所采用的数据源包括各种最新航空航天影像、行政勘界资料、地面实测数据等现势资料,对原有数据库要素进行增删、替换、综合等处理。因为地表上地物的状态会发生变化,因而表示这种状态的空间信息也要随之变化,以保持信息的现势性和可用性。空间数据更新以及地图修测反映的都是空间信息的变化,本质上是同一事物,为什么要用两种形式?由于比例尺的不同,其地图的表现形式也会不同。大比例尺包括:1:10000、1:5000、1:2000、1:1000和1:500。而1:10000和1:5000地图的表示形式基本一样,1:1000和1:500地图的表现形式也基本一样,对于大比例尺地图,就有三种表现形式。与之对应,空间数据库分别建立三种比例尺的数据库,以便与不同比例尺的地图对应。这显然使更新工作变得复杂:对同一种地物的变化,要对三个库进行变更操作。

为达到数据更新与地图修测两种形式统一的目的,用空间数据库存储和管理空间数据,则地形图修测问题就转化为库中空间数据的更新问题。在前述空间数据库的空间数据组织的基础上,只要很好地确定了数据结构,就为今后的动态更新、快速修测提供了基础。

空间数据的更新,有以下几个方面的内容:

(1) 增加新的空间数据。
(2) 删除现有的空间数据。
(3) 修改现有的空间数据。
(4) 拓扑关系的重建。
(5) 空间元数据的更新。

空间数据不仅包括图形数据,而且还包括空间属性数据,以及描述图形对象之间空间关系的拓扑关系信息。所以空间数据的更新也就包括对相关属性信息的更新。以地籍信息为例：当宗地发生变化，如宗地的合并、分割等，其宗地图形就要发生变化，而附在其上的宗地属性信息也要随之更新，这样才能保证空间信息和属性信息的一致性。

空间数据库的建立不仅用于测图与制图，它还应能支持 GIS 应用，作为各种应用平台的基础库。GIS 系统对重要的空间对象，在一定的范围和程度上需要建立拓扑关系，而建有拓扑关系的空间对象发生变化时，其相应的拓扑关系也要发生变化，所以空间数据的更新也包括拓扑关系的重建，拓扑关系的重建要结合空间对象数据的更新同步进行。

测绘技术标准是测绘工作所依据的立法性技术文件。测绘技术标准也有一定的时效性，随着国民经济的发展和科学技术的进步，测绘标准需要适时的修订，以适应生产技术的发展。地形图测制的技术标准主要是规范和图式，基本内容是对地形图规格、形式、内容、精度、测图和编绘方法的规定。主要包括：地形图用途、地图投影、地形图分幅与编号、坐标系和高程系、地形图所表示的地形要素、等高距及平面、高程精度表示方法、图廓内外整饰，等等。

在空间数据库中定义了一些元数据表，它们是存放相应标准的描述数据的数据，所以空间数据的更新也包括空间元数据的更新。

6.2 从基于地面测量方法到基于遥感方法的城市基础空间数据更新

综观国外相关工作，基础地理信息数据更新方法主要涉及地面实测更新、基于多源遥感影像变化检测更新、多源遥感影像与矢量化地图数据的自动配准更新、多尺度地图数据库级联更新、客户反馈的数据更新等，其中最常用的是前两种方法。

6.2.1 基于地面测量的更新方法

基础地理数据的现势性直接影响着空间数据的有效应用与持续发展。如何保证基础地理数据的现势性已成为当前测绘部门面临的

第6章 基于遥感影像的城市基础空间数据更新

重要挑战,数据更新的技术和策略也成为学术界和产业单位研究的热点。

基础地理信息数据的更新已成为世界各国测绘部门的重要使命。近几年,一些发达国家的测绘部门已将工作重点从数据建库转移到数据更新与应用上,在建立更新机制、利用遥感影像获取变化信息、历史数据存取等方面做了大量工作。美国、英国、德国、澳大利亚大力加强空间数据基础设施建设,其中国家基础地理信息数据库的整合与更新,一直受到各国测绘部门的关注,先后开展了对地理信息系统数据库更新技术与更新策略的研究和探索,并采取各种措施大力推进。

目前国内地形图、地下管线图等的测绘任务测绘周期长、出图慢。间隔时间越长,则地图现势性也就越差。对于地物变化很快的城市用成片测绘的办法更新地理空间数据,即使投入再多的资金、人力,采用"滚地毯"式的来回"扫荡",反复测绘,也难以及时跟踪。

基础地理数据的更新不仅是一项长期、复杂的系统工程,还涉及一系列更新的理论、方法和关键技术问题。正因为如此,基础地理数据的持续更新,一直是一个世界性的难题。

基于地面测量的方法,几十年来一直采用传统的方法,到现在它还是很有效的方法。例如野外观测,包括控制测量、地形测量和地籍测量,如图6-1所示。

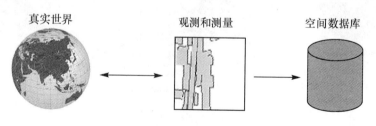

图6-1 基于地面的方法

从理论上讲,基于地面的更新方法可以回答何时、何地、何种目标发生了何种变化,但目前这种变化的发现和更新尚未达到上述目标。主要的问题在于:

(1)难以获得现势性强的大比例尺地形图:据权威资料显示,我国现有的1∶1万比例尺地形图大多是20世纪70年代后期生产的。

(2)航片或卫片存在判读难的问题:受摄影方向和条件的局限,有时不能或难以判读某些地物属性。

(3)易受人为主观影响:人工调绘的主观局限,直接影响了成图的精度。

(4)效率低下,难以适应地图更新的要求:以人工的方式每天仅能调绘数千米,加上内业处理的时间,类似北京这样的城市的电子地图测制需要半年甚至一年以上的时间,而基础建设的日新月异使得北京市的电子地图必须一个月更新一次。因此,运用传统的方式,往往新图尚未出品,便已宣告过时。

6.2.2 基于遥感技术的更新方法

基于遥感技术的更新方法是基于通过遥感传感器(航空摄像机、扫描仪或雷达)获取的影像数据来更新城市基础空间数据。采用遥感方法意味着信息是从影像数据获取的,而影像数据构成对真实世界的一个(有限的)表达,如图6-2所示。

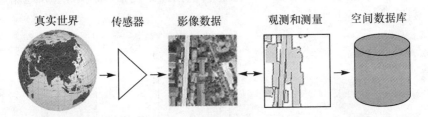

图6-2 基于遥感的方法

6.3 基于遥感影像的城市基础空间数据生产和更新流程

基于遥感影像的城市基础空间数据的生产和更新以航空、航天遥感影像为主要信息源,既可以采用传统方法在 JX4、VirtuoZo 等全数字摄影测量工作站上采集三维数据,也可以采用 DPGrid 或 Pixel-Grid 来提高生产和更新效率,还可以基于新型传感器,发展自动化程度更好的处理流程,图 6-3 为基于遥感影像的城市基础空间数据生产和更新的一般流程。

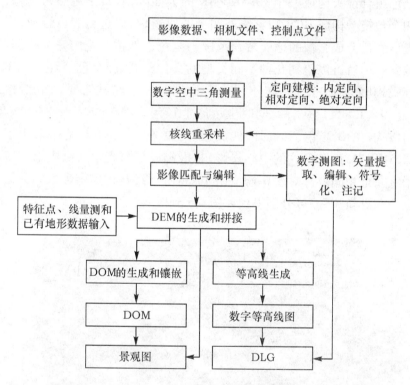

图 6-3 基于遥感影像的城市基础空间数据生产和更新流程

6.4 基于遥感影像的城市基础数据更新实例

6.4.1 基于航空遥感影像的城市基础空间数据更新方法

本节以数字航摄相机(digital mapping camera,简称 DMC)为例,

介绍基于航空遥感影像的城市基础空间数据更新方法。Z/I 公司生产的全波段数字航摄仪,基于 CCD 面阵的模块化设计,具有非常高的内部稳定性,已达到在几何和辐射两方面的高分辨率和用户化最佳系统性能。

该相机共由八个 $7K\times4K$ 的探测器(镜头)组成,中间四个面阵全色组合镜头构成一个 $13.5K\times8K$ 的大面阵,获得全色黑白影像,四个角镜头构成 RGB 和彩红外四个波段影像,以进行彩色合成,多光谱彩色合成影像的地面覆盖范围与全色影像覆盖范围完全相同。数据处理后可以得到几种不同类型的文件格式,即全色、彩色(RGB 模式)和彩色红外(彩红外)格式,这三种文件格式都是高分辨率(7860×13824)输出的,同时也可产生彩色分辨率(2048×3072)输出格式(RGB 彩色、彩红外、四波段、近红外)。由于其结构采用了 $13.5K\times8K$ 面阵形式的中心投影,其摄影成果与光学航摄成果在应用上完全相同。针对图 6-4 所示的 DMC 影像,基于遥感影像的数据生产和更新流程,可分别得到如图 6-5 到图 6-7 所示的成果。

图 6-4　DMC 影像

第6章 基于遥感影像的城市基础空间数据更新 85

图 6-5 DLG 成果

图 6-6 DEM 成果

图 6-7　正射影像成果

6.4.2　基于实景影像的城市基础部件数据更新方法

可量测实景影像是由 3S 集成的移动测量系统在低速移动环境下获得的。每张像片的外方位元素则由车载 GPS/INS 系统自动测定，将这些数据连同立体像与前方交会算法相结合，实现基于实景影像来采集和更新，其主要优势体现在以下三个方面：

（1）可量测实景影像上可能提供城市景观的立面图像信息，这些可视、可量测和可挖掘的自然和社会信息能够弥补 4D 影像中不能包含的大量细节信息，提高空间信息服务数据源的信息量，提供更多更新的服务内容。

（2）可量测实景影像是聚焦服务、按需测量的产物，能满足社会化行业用户对信息的需求，可以在传统的 4D 产品与用户需求之间的鸿沟间起到桥梁作用。例如上面提到的公安地理信息系统需要通过实地调查来补充的信息可以在实景影像上获得。

（3）实景影像采集工期短，操作简便，数据更新快，具有很强的现势性，可有效提高空间信息服务的准确性。

移动测量系统通过摄影测量的方式快速采集城市部件的空间位置数据和属性数据,并同步存储在系统计算机中,经专门软件编辑处理,形成所需的部件专题图数据、属性报表数据和连续的可量测影像数据。可见,移动测量系统是一种快速的城市部件普查和更新工具,尤其擅长采集道路两边的通视部件,如:灯杆、行道树、广告牌、交通设施等,这些部件通常占普查部件总量的70%以上。在属性准确性上,移动测量系统通过自动化的摄影测量技术,避免了人工外业作业的人为误差。一般而言,对于适合移动测量系统采集的部件,只需在内业以影像回放检查的方式控制好质检,而无需繁重的外业补漏。对于移动测量系统不能通行之处,可辅助人工测量的方式普查。总体而言,采用移动测量系统与人工测量相结合的方式,可相对单纯地采用人工测量方式,大大提高普查效率,降低劳动强度,图6-8为采集系统中的更新界面。

图6-8　基于实景影像的城市基础部件数据更新方法

第 7 章
城市人工目标的三维重建

三维重建是指基于遥感影像来重建目标的三维模型的过程。本章根据城市人工目标的自然类型和复杂程度,选取简单人工目标、复杂房屋、具有多层结构的立交桥和古建筑等城市人工目标,分别介绍其三维重建方法,最后探讨三维重建的质量控制策略。

7.1 城市简单人工目标的三维重建

顾名思义,简单人工目标具有相对简单的结构,如简单房屋、屋顶水塔、烟囱、简易楼梯、规则围墙等。根据建模的自动化程度可将目前采用的建模方法分为人工方法、半自动方法和全自动方法三类。人工方法一般多是先基于数字影像立体平台人工导集房屋角点数据,再借助建模软件人工重建出房屋三维模型,全自动化方法包括单像分析和多像分析。对于单像分析方法,较为关键的是如何利用提取出的有意义的直线构造出房屋模型。在这个过程中,角点和房屋阴影都成为重要的约束。这方面的研究有 Chungan Lin, Andres Huertas 和 Ramakant Nevatia 的单像检测房屋方法。多像分析中,匹配成为房屋重建的最重要手段。匹配的算法很多,如基于灰度的匹配(area based matching)、基于特征的匹配(feature based matching)、局部匹配(local matching)、整体匹配(global matching)以及最小二乘匹配(least squares matching)等。对于房屋可以同时采用基于灰度和基于特征的匹配,通过匹配确认由单像分析得到的房屋边缘,同时根据视差计算出房屋的高度,从而重建出房屋的三维模型。全自动方法由于难度大、可靠性低,目前尚处于研究阶段,当前的研究主要针对平顶直角房屋等类型的简单房屋。实践表明,自动提取方法仍相当困难,使用人工给定种子点的半自动方法能够大大节省时间,而且降低了自动解译的难度,因而成为当前研究的热点和主流方法。本节以简单房屋为例,阐述半自动三维重建方法。

7.1.1 简单房屋半自动重建策略

在城市遥感影像上,房屋外型一般都有一定的几何规律,如屋顶平面投影呈矩形、直角多边形、人字形、圆形等,所以几乎所有的房屋提取和重建方法都离不开影像的几何分析。在半自动方法中,一般要求人工首先给出人工种子点,即在影像上标出房屋角点的大致位置,然后由计算机根据各种几何约束求出房屋的准确位置。比较典型的有基于可变模板的重建方法、基于给定房屋种子点或主方向的重建方法,有时也采用人工标定提取房屋角点的半自动重建方法。

由于城市建筑风格随地域不同而特征各异,例如欧洲的城市建筑物多为尖顶而且局部的细节很多,在美国城市则方盒形建筑物比较常见,中国的城市平顶和单屋脊建筑物较多,房屋建筑密集,楼层一般较高,这些都影响到建筑物的描述和建模等问题。本节只考虑边界为直线段的简单型房屋,如图7-1所示。对弧顶形简单房屋,可采用7.3节中立交桥的重建办法。

简单房屋半自动重建算法需考虑以下几个方面的要求:
(1)算法稳定,模型清晰,易于实现。
(2)采用集成影像特征与房屋结构信息的优化算法,针对不同的影像质量,采用可变的边缘提取阈值。
(3)有一定的可扩充性,先对房屋分类,算法只为重建提供了一个灵活的框架。

图 7-1　简单房屋影像示例

(4)房屋边缘是通过影像的灰度信息提取的,而影像的灰度信息会受到干扰,这样提取出的边缘不一定能符合精度要求。采用最小二乘模板匹配得到直线边缘的精确位置,并结合房屋自身的几何约束条件进行平差,实现房屋整体精确定位,可有效提高几何精度。

(5)从立体影像重建房屋。房屋重建的一个最主要的障碍在于二维影像上缺乏直接的三维线索,而立体影像优点在于往往可以弥补由于拍摄角度差异、房屋和其他地物互相遮挡等造成的特征提取的不足,从而提高重建的可靠性。

半自动重建简单房屋模型的流程可分为由低到高的三个处理步骤,如下页的图 7-2 所示。

7.1.2　基于平差模型的简单房屋模型三维重建

简单房屋的边缘基本上是直线,这些直线间存在着某些固定的几何关系,可以作为房屋三维重建的约束条件。本节基于平差模型重建简单房屋的基本原理是:基于房屋的主方向等特性,依据一定的

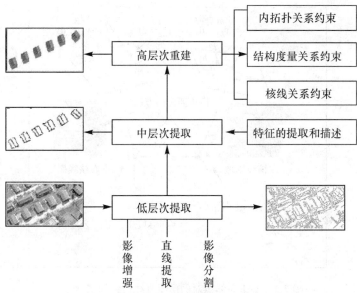

图 7-2 简单房屋半自动重建流程中的自底向上的三层结构

边缘检测和直线定位算子提取房屋的边缘,然后用直线模板匹配,结合最小二乘平差对这些直线进行精确的提取和定位,同时将其几何约束变成限制条件方程,从而构成由影像特征模板和先验几何知识所定义的房屋三维重建的优化算法。

由于简单房屋在物方具有很强的几何约束条件,引入这些几何约束条件,将大大地提高解算的稳定性与精度,这也是本章采用以物方空间为基础的主要原因。房屋的几何约束条件视房屋类型的不同而有所不同。下面介绍带物方空间几何约束的间接平差模型的误差方程和限制条件方程。如图 7-3 所示,房屋角点($i = A, B, \cdots$)的初值已经求得,但是具有误差。

$$dx_i = f_x(dX_i, dY_i, dZ_i) \tag{7-1}$$

$$dy_i = f_y(dX_i, dY_i, dZ_i) \tag{7-2}$$

由于房屋相邻两个边缘角点(例如:A、B)均可构成一直线边缘,因此,该直线上任意一点的位置均会受到这两个角点误差的影响:

$$\begin{aligned} dx &= \varphi_x(dx_A, dy_A, dx_B, dy_B) \\ dy &= \varphi_y(dx_A, dy_A, dx_B, dy_B) \end{aligned} \tag{7-3}$$

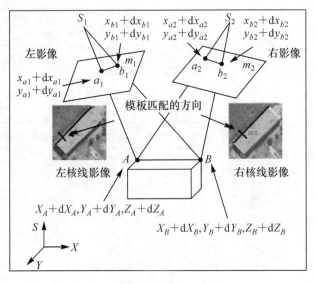

图 7-3 基于立体像对的房屋直线边缘的精确定位

用一个直线模板检测到该像点的移位 dx、dy,直线模板依据垂直于直线方向的边缘模型离散化来生成。模板的几何中心位于过零点处,而影像为 $g(x,y)$,则该像点的移位可以由模板匹配予以检测,可以得到房屋精确定位的误差方程式为:

$$v_g(I,A,B) = L_{1,I,A,B}dX_A + L_{2,I,A,B}dY_A + L_{3,I,A,B}dZ_A + L_{4,I,A,B}dX_B \\ + L_{5,I,A,B}dY_B + L_{6,I,A,B}dZ_B - \Delta L(I,A,B) \quad (7\text{-}4)$$

式(7-4)中误差方程式的系数 $I_{m,I,A,B}(m=1,2,\cdots,6)$ 是当前一对角点 (A,B) 的连线上搜索区内考察点 I 的灰度梯度、与模板的灰度差 $\Delta L(I,A,B)$、相机模型参数、定向参数等的函数。上述模型未顾及模型绝对定向的误差。

1. 垂直条件

由相邻边的直角约束,如图 7-4 中边 AB 和 BC 成直角,据矢量正交条件有:

$$(X_C - X_B)(X_B - X_A) + (Y_C - Y_B)(Y_B - Y_A) = -L_B = 0 \quad (7\text{-}5)$$

线性化得:

$$(X_B - X_C) \cdot dX_A + (X_C + X_A - 2X_B) \cdot dX_B + (X_B - X_A) \cdot dX_C$$
$$+ (Y_B - Y_C) \cdot dY_A + (Y_C + Y_A - 2Y_B) \cdot dY_B$$
$$+ (Y_B - Y_A) \cdot dY_C - L_B = 0 \tag{7-6}$$

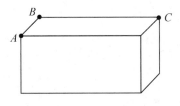

图 7-4 垂直条件图

2. 共线条件

如图 7-5 所示，人字形屋顶在轴线方向位于某一侧的三个屋檐和屋脊角点投影到水平地面成共线关系，设 A、B、C 三点坐标依次为 $(X_{i-1}, Y_{i-1}, Z_{i-1})$、$(X_i, Y_i, Z_i)$、$(X_{i+1}, Y_{i+1}, Z_{i+1})$，则有

$$(Y_i - Y_{i+1})dX_{i-1} + (Y_{i+1} - Y_{i-1})dX_i + (Y_{i-1} - Y_i)dX_{i+1}$$
$$+ (X_{i+1} - X_i)dY_{i-1} + (X_{i-1} - X_{i+1})dY_i$$
$$+ (Y_{i-1} - Y_i)dY_{i+1} - l = 0 \tag{7-7}$$

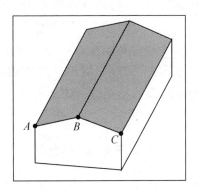

图 7-5 共线条件图

3. 同高条件

简单房屋中总有部分（或全部）屋顶点处于同一高程，即它们应具有同高约束条件，这里以图 7-6 中平顶房屋为例，A、B、C、D 四点在

地面上同高,以平均高程为标准有:
$$\overline{Z} = (Z_A + Z_B + Z_C + Z_D)/4 \qquad (7\text{-}8)$$

每一个角点列出一个等高的条件方程。比如 A 点,根据式(7-8),其等高条件方程为:
$$\mathrm{d}Z_A - l_Z = 0 \quad l_Z = Z_A - \overline{Z} \qquad (7\text{-}9)$$

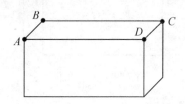

图 7-6　房屋物方同高条件约束

4. 共面条件

以上仅列出房屋的一些基本几何约束条件。根据不同房屋的类型还能加入其他相应的几何约束条件(如平行、等距等)。

将基本的平差模型公式(7-4)与后面的不同几何约束条件合并起来,就构成本节所讨论的基于物方的带有几何约束条件的最小二乘平差模型,用于房屋重建。将物方空间几何约束以条件方程的形式加入平差模型将会大大提高算法重建的稳定性。同时在立体像对下,共线方程作为外部约束,利用左右影像丰富的信息,尽管在单张影像上房屋的局部可能会被遮蔽,利用核线约束条件结合上述带物方几何限制条件的平差模型仍然能精确地解算出房屋边缘点的三维坐标。

7.1.3　物方空间几何约束的房屋模型三维重建

基于平差模型和简单房屋物方的多种约束条件,简单型房屋半自动重建的基本框架如图 7-7 所示。

若采用图 7-7 所示的系统框架进行简单房屋的半自动重建,有如下特点:

(1)房屋在重建前由操作员选择房屋类型,并通过人机交互界

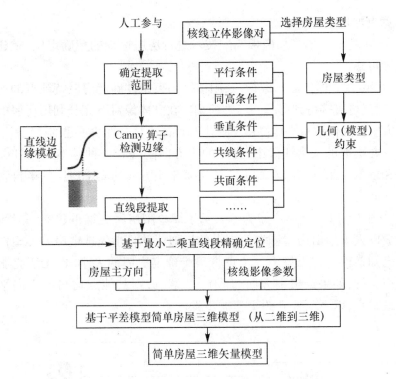

图 7-7 简单型房屋半自动重建的基本框架

面输入少数的种子点,在选择种子点时优先考虑主框架(屋脊)上的点,主要出发点是:

① 屋脊决定了房屋的基本走向。

② 选定屋脊后,其他的约束条件一般都与屋脊平行或垂直。

③ 屋脊上的点最清晰,一般不会有遮挡。

(2) 首先根据不同结构将房屋分类,便于灵活地组合各种几何约束条件,构建不同的平差模型。

(3) 在选择好房屋类型并给定少数种子点后,其余的重建工作由算法自动完成。主要优点在于:

① 一般只需要两个种子点即可完成房屋结构信息的获取,量测工作量大大减少。

② 主框架结合直线模板匹配,提供了较好的初始值,使得平差

解算更加稳定。

③ 基于最小二乘模板匹配技术进行房屋边缘的精确定位,重建精度可靠。

(4) 在立体像对下进行,采用核线约束条件确定房屋特征点的三维信息,可直接得到房屋的三维模型。在立体像对下充分利用房屋的物方空间几何约束来提高由于噪声和特征不足时算法重建的稳定性。

在提取的很多线段中,房屋的主方向隐含着一种基本的拓扑关系和度量关系,因此,本章力图解决基于主方向的简单房屋的半自动重建问题。

图 7-8 以人字形房屋为例表示了简单型房屋三维重建的一般流程。以人工给出房屋屋脊两端点的近似值并且事先选定房屋类型作为已知条件。如果只给一个点将很难确定房屋的大小,也无法克服噪声干扰,如果给出主方向(屋脊)两端点,则其他点均与主方向平行或垂直,以下简要介绍重建的步骤。

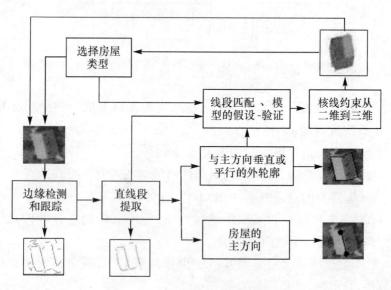

图 7-8 人字形房屋三维重建流程

(1) 边缘检测与跟踪。在搜索范围内以 Canny 算子作为边缘检测算子检测出房屋边缘信息。

（2）直线段提取，从边缘矢量得到直线段。

（3）根据房屋的主方向，结合房屋的内拓扑和度量约束条件，从而确定外轮廓。

（4）线段的测试—验证过程。输入的房屋的类型给出了一个明确的几何结构和约束，包括房屋角点和各边之间的几何关系。其测试—验证过程就是要从提取的直线段中组合出给定的房屋结构来。逐一将提取的直线段的几何属性与已知的加了标号的屋顶结构进行比较测试，差距小于阈值的被证实，而其他的线段则被剔除。在已知屋顶结构的情况下，只需要确定少数线段就能恢复出整个屋顶的结构。

（5）上述的提取是在二维影像上进行的，为了得到房屋角点的三维坐标，还要通过核线约束条件，并进行前方交会，最终得到各个角点的物方三维坐标，实现房屋的三维模型重建(见图 7-9)。

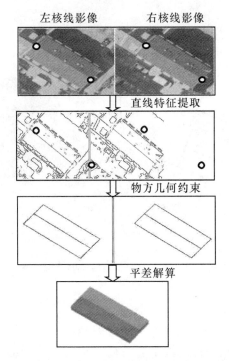

图 7-9　人字形简单型房屋的三维重建过程

人字形简单型房屋是房屋中类型最多的一种,图 7-10 为另一个核线影像对上的人字形房屋的原始影像,图 7-11 为得到的房屋的平面模型和三维模型图。

图 7-10 人字形简单房屋的原始核线影像对

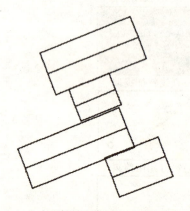 

(a) 人字形简单型房屋的平面模型　　　(b) 人字形简单型房屋的三维模型

图 7-11 人字形简单型房屋的三维模型

矩形简单型房屋的重建流程类似于人字形房屋,理论上主方向可选取任意一条边,实验中效果最好的是选取目标最清晰的一条边,边缘检测与跟踪后,直线段都有着彼此垂直或平行的几何约束条件,对图 7-12 所示的矩形结构的简单房屋,三维模型重建过程如图 7-13

到图 7-15 所示。

图 7-12 矩形简单型房屋原始影像图

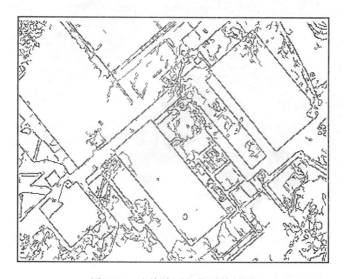

图 7-13 边缘检测细化后效果图

图 7-14　边缘跟踪和模板匹配后效果图

图 7-15　矩形简单型房屋三维模型

由于从影像上自动提取出的屋脊线段大部分是不完全的,沿着屋脊方向重新匹配出的效果很好,而且基于主方向提取策略,使得所有其他房屋边缘都与主方向平行或者垂直,直接利用这种度量关系筛选了很多噪声,从本来无序的线条图中识别出屋顶的结构,自动重建方法准确、稳健。

7.2 城市复杂房屋的三维重建

7.2.1 复杂房屋三维拓扑关系描述

虽然同简单房屋相比,描述复杂房屋拓扑关系的拓扑元素种类并没有增加,但由于复杂房屋结构复杂,因此,其几何结构的拓扑关系也很复杂。这种拓扑关系不单指复杂建筑物分解为可以相对独立的多个简单对象间的拓扑关系如相邻、相连、包含等,还包括单个对象内部的点、线、面间的拓扑关系(即内拓扑)。内拓扑影响着三维实体的可视化关系和消隐关系,因此在重建过程中,空间数据的组织涉及利用邻接表来显式存储空间对象的内拓扑,而在其三维模型完全建立后,则释放邻接表,只保留三维实体的空间面信息,避免系统数据冗余。

从三维重建的角度,可将复杂房屋的三维拓扑重建分为内拓扑重建和外拓扑重建两个方面。内拓扑是单个复杂房屋的内部拓扑三维重建首先是目标内拓扑的重建过程。

内拓扑重建包括三维重建过程中点—线—面—体间的拓扑重建,因此,复杂房屋内拓扑实质上仍是一个三维实体内部点—线段—环—体各拓扑层间的包含、相邻、共面关系,如节点—节点间的相邻或不相邻、线段—线段间的相邻、不相邻或者共面或不共面关系等。从三维数据获取的角度讲,人工地物的特征点是可以连续获取的,这种连续采集在顺序关系里隐式保存了内拓扑关系,一个拓扑链里的数据成员间有一个默认的连接关系,即在该链内每一个点都跟它前面一点和后面一点有一个默认连接关系。当一个模型建立好后,从邻接表的角度来看,点属于面的拓扑属性、点属于线的拓扑属性、边属于面的拓扑属性都随即建立。

复杂房屋的外拓扑泛指房屋间的拓扑关系,外拓扑的重建,也是一个复杂的过程,通常情况下,复杂房屋上都有着烟囱、水塔、天窗等附属建筑物,因此,在三维重建时这些附属建筑物一般都首先被当做一个单独的房屋来建立其三维模型,然后利用相离、相交、相切等关系,实现房屋间的三维裁剪。也有的情况下,会遇到特别复杂的房屋,在房屋重建阶段首先将其分成几个房屋,然后把这些简单房屋组装成一个复杂房屋。因此在组装时也涉及外部节点变内部节点、新外部节点的生成、新面的生成等,其实质就是外拓扑向内拓扑的转化(见图 7-16)。

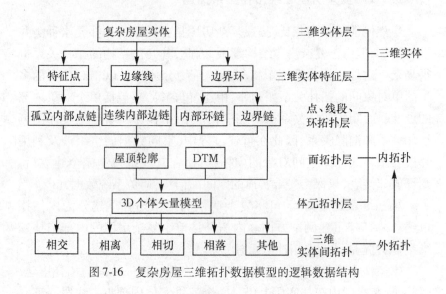

图 7-16 复杂房屋三维拓扑数据模型的逻辑数据结构

7.2.2 复杂房屋三维重建方法

当前流行的复杂房屋三维重建方法有基于 TIN 模型和基于点集的概率松弛模型等多种方法,本节先以 TIN 模型为代表介绍常规建模方法,然后再介绍一种基于三维拓扑数据模型的重建方法。

1. 基于 TIN 模型的重建方法

在三角网模型的研究方面,国内外学者提出了许多方法,最早有 Peucker 和 Flower 等人提出的按照网点坐标和高程表及网点邻接指针链存储模型的方法;Gold、McCullagh、Tarvelas 等人提出的用网点坐标和高程、三角形表、邻接三角形表的存储方法,这些方法具有拓扑效率高等特点,但存储量大、编辑不方便;陈晓勇提出将 TIN 转化为规则三角网存储;朱庆对三角网模型的存储结构和构造算法做了深入的研究,其研制的软件已经得到广泛的应用。在三角网算法中,由于三角形、边、点之间复杂的拓扑关系,存储结构相对要复杂一些。该算法的主要优点是算法理论成熟、编辑方便,无论是结构复杂的房屋还是结构简单的房屋,都采用三角形面片进行处理,而且采用三角形作为面的基本单元,结构稳定,显示方便。同时这种算法对测量误差的容忍度最大。无论数据采集误差有多大,总能在房屋顶部构建出三角网来,如图7-17中(b)所示。

 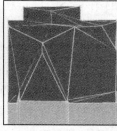 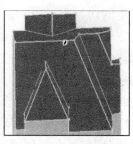

(a) 原始影像　　　　(b) 根据TIN模型构面　　　(c) 编辑后模型

图7-17　基于TIN模型重建复杂房屋

图7-17中(b)经过多次切换编辑后,就能得到如图7-17(c)所示的正确三维模型。但是这种算法,通常通过在三角网中不停地切换顶点的连接关系,来得到正确的屋顶结构。

2. 基于三维拓扑数据模型的重建方法

不论是成熟的TIN模型,还是比较经典的概率松弛模型,在重建复杂房屋的三维模型时,都需要人工重建三维拓扑关系。本节介绍基于拓扑数据模型的双向搜索算法实现复杂房屋模型的三维重建方法。

本算法采用拓扑链作为复杂房屋数据采集的最小单元,不同的拓扑链表示同一地物各组成部分的细节以及它们之间的拓扑关系。在构造空间面时,数据获取时的第一条内部链上的第一个内部点与第一条拓扑链(一定是边界环)的第一个采集点构成了双向搜索的起点。起点选择的好坏关系到模型能否自动建立,因此起点的选取有一定的技巧,这个关键步骤依赖数据采集人员的经验。当算法不能满足要求时,可以很容易地在编辑状态下直接编辑拓扑关系,实现交互式重建复杂房屋三维模型。

该算法首先定义一个邻接表来存储节点,该节点表表示出了房屋中的一个顶点的连接关系。如果要表示整个房屋各个顶点之间的连接关系,可以对整个房屋的每个顶点都建立这样一种关系,然后把这些关系以数组的形式进行存储。整个算法的流程如图 7-18 所示。

基于拓扑数据模型的双向搜索算法来重建房屋三维模型的过程实际上就是一个如何更新邻接表、如何完善房屋拓扑关系的过程。采集的初始边界边和采集的第一个内部点构成默认基本面,并且由这三个顶点确定的法向量作为默认法向量。房屋的其他顶点和这个默认的边界边都可以求出一个临时法向量,当临时法向量跟默认法向量间的夹角小于给定的阈值的时候,当前的点视为跟默认基本面共面。用类似的步骤循环计算其他点,可求得所有共面的顶点集合。然后通过查询邻接表就可以得到共面的所有顶点间的连接关系。通常情况下,一个面创建好后邻接表需要及时更新。当所有内部边都达到饱和时,程序搜索完毕,房屋内部拓扑关系建立。因此复杂房屋的三维重建问题在这里可以看做一个如何构建边界顶点和内部顶点间的拓扑关系的拓扑重建问题,先根据初始连接关系正向搜索,然后按照给定的法向量阈值寻找所有属于一个面上的点,查找邻接表并判断所有共面的点能否连接成封闭的面片。如果连接成功,则在保存面组的数组中保存这个面,保存这种排序好的连接关系,更新邻接表,进一步判断该面是否为最后一个面。若是,则所有点都达到饱和状态,房屋内拓扑建立完毕,三维模型生成,程序正常结束。如果连接不成功,则保存共面的点,同时修改搜索状态,根据当前连接关系反向搜索。

如果双向搜索算法成功,就建立了所有面上的点及点间的连接关系,剩下的工作就是按照这种关系重建房屋的屋顶结构,同时基于边界链上的每两个相邻的点都可以构成一面墙,依据此特性重建房屋的所有墙面,就完成了一个房屋的三维模型重建。

图 7-19 为一个小区的原始影像,图 7-20 为本章算法实现的复杂

第7章　城市人工目标的三维重建　105

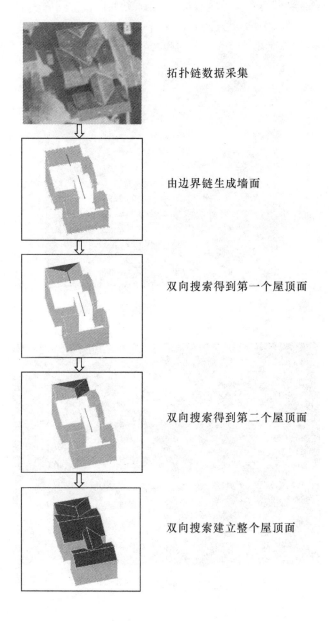

图 7-18　双向搜索算法建立复杂房屋三维模型流程图

房屋的三维模型图(只考虑复杂房屋部分)。

图 7-19 原始影像

图 7-20 复杂房屋三维模型图

该算法基于一定的数据采集策略,采用基于拓扑的三维重建模型,可提高复杂房屋三维建模的自动化程度。

7.3 城市立交桥的三维重建

立交桥模型是数字城市模型中的基础内容之一,目前对该类模型的研究多停留在 CAD 设计领域,设计者通常是以面向二维的思路来设计立交桥,成果一般只能是平面图、纵断面图、横断面图,本质上仅模仿了现有的人工作图方法,未能从根本上表示出立交桥的复杂空间结构,更没有表示其三维拓扑关系。在目前已开发的一些数码城市软件中,对建立立交桥这类复杂人工地物的模型也做了一些有益的尝试,但仍然没能很好地解决立交桥的建模问题,基本上都是从设计领域导入数据,建立 CAD 模型或 3DS 模型,该类模型只能提供基本的浏览功能,仍未完整表示出各匝道间的拓扑关系,满足不了空间分析和可视导航的需求,因此立交桥三维建模是亟待解决的难题。

利用数字摄影测量技术从大比例尺数字影像来重建城市人工目标三维模型是当前比较流行的建模方法,本节尝试从数字影像立体重建立交桥的三维模型的方法。首先依据航空影像三维重建原理,从影像中提取较为精确的三维立交桥轮廓线。结合立交桥设计方法,创建基于航空立体影像对的重现点—线—多边形—匝道—体的立交桥三维模型。

具体实现方法,可依据立体影像平台,采用模糊边缘检测算法,对核线立体影像对的左右片分别自动提取边缘,然后根据模板匹配得到精确的匝道边界。同时根据核线约束条件,得到物方的三维匝道边缘信息。再通过曲线内插出边缘特征点,依据立交桥三维模型,构造出匝道的三维模型。对于有遮挡的下层立交桥匝道,采用人工输入种子点的办法,结合提取的局部边缘信息,然后用三次样条插值的办法得到匝道的描述函数。对匝道连接的两条主线分别内插出等间隔的点,用于构造立交桥匝道三维模型。

7.3.1 基于模糊边缘检测算法的立交桥匝道边缘自动提取

传统的三维重建技术着重于重构方法的实现和物体表面的光滑处理,在大多数应用场合以获得逼真的视觉模型为目的,实现了对大多数人工地物的三维重建。立交桥的三维重建一直是比较棘手的难题,若能根据三维重建技术的基本原理直接在影像上实现立交桥的重建,必能推动数字城市模型和智能交通的实用化进程,而提取立交桥匝道边界的几何形状特征,则是其中的关键技术。本节将前两节内容相结合,用于实现整个立交桥三维模型(不包括大量的附属设施和桥下结构)的重建。

由于立交桥的匝道间可能有遮挡,采用第 5 章介绍的模糊边缘检测算法,针对如图 7-21 所示的立交桥影像像对的左右片,可分别得到图 7-22 到图 7-27 所示的结果。

图 7-21　立交桥航空立体影像对

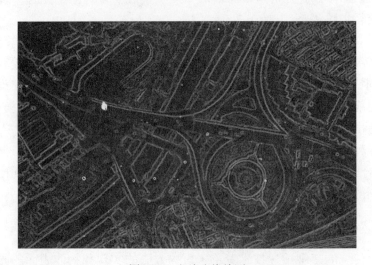

图 7-22　左片边缘检测

第7章 城市人工目标的三维重建　109

图 7-23　右片边缘检测

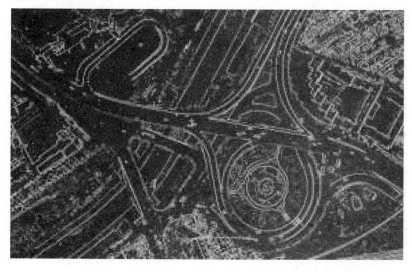

图 7-24　左片二值化影像

图 7-25　右片二值化影像

图 7-26　放大的左片细化影像

图 7-27 放大的右片细化影像

7.3.2 基于样条函数的立交桥边缘提取

当采用模糊边缘检测算法仍无法提取立交桥的匝道边缘信息时,可采用样条函数并将其提取方法扩展到三维空间,即从立体影像对上,在物方大地坐标系下,直接提取表达立交桥匝道的曲线。如图 7-28 所示。

(a) 左片匝道原始影像　　　(b) 右片匝道原始影像

图 7-28 匝道原始影像对

在左核线影像和右核线影像上,人工依次输入种子点(见图 7-29),先提取二维曲线,由核线约束得到对应的匹配点,前方交会出物方样条控制点。提取三次样条算法的实现步骤如下:

(a) 左片匝道输入了种子点的影像　　(b) 右片匝道输入了种子点的影像

图 7-29　输入了种子点的影像对

(1) 设具有 $n+1$ 个已知点,分别为 $0,1,\cdots,n$;对应着 $y_0 = f(x_0), y_1 = f(x_1), \cdots, y_n = f(x_n)$,构造样条函数 $S(x)$ 在控制点上的值,使得 $S(x_j) = y_j (j = 0,1,2,\cdots,n)$。

(2) 由于立交桥的匝道一般都与桥面主线相连接,所以两端都可以视为直线,符合三次样条里的自然边界条件,因此有

$$S''(x_0) = 0, \quad S''(x_n) = 0$$

匝道样条函数提取结果如图 7-30 所示。

(3) 按照求解 3 次样条插值函数的方法,求方程的系数阵和常数项。

(4) 列误差方程并求解。

(5) 在左片核线影像上从第 1 号点开始,每段曲线求出 m 个内插点。

7.3.3　基于核线约束的立交桥三维重建——从二维到三维

基于核线立体影像对,首先用 7.2 节介绍的模糊边缘检测和边

缘提取整个立交桥匝道(或匝道的一部分),左片上提取的每一条匝道(或匝道的一部分),都是由一系列节点组成的,根据核线规则,左片上的每一个节点在右片上的位置都应该位于同名核线上,根据核线约束条件在右片上的同名核线和右片的匝道边缘相交的点就是相应的同名点,然后匹配匝道边缘线段上的下一个边缘点。由于立交桥是双边缘线,所以可以引入平行和等宽等几何限制条件,在双边缘的一条边缘线上的某个点,在另一条边缘线上都可以内插出一个同高的点,保存这个同高的点的位置,就可以实现光滑的立交桥匝道模型。

图 7-30 显示了在立体像对下三次样条提取的结果,图 7-28 表示匝道原始影像对,图 7-29 表示输入的匝道种子点及连接成的初始折线。从中可以看到,提取的结果是令人满意的。

(a) 左片匝道样条函数提取结果　　(b) 右片匝道样条函数提取结果

图 7-30　匝道样条函数提取结果

基于以上获取的匝道边缘结果,重建了该立交桥的三维模型。原始航片数据的摄影比例尺为 1:8000,成图比例尺为 1:2000。图 7-31是根据三维拓扑数据模型建立的立交桥模型,立交桥模型各匝道采用统一的用户码,依据这种思想建立的带有拓扑关系模型能够进行有效的空间分析,解决了常规 CAD 模型中空间查询能力差的问题。立交桥各匝道间由于有着严格的拓扑关系,彼此间不会出现 CAD 模型中的裂缝现象,而且减少多环节的重复劳动,从而很好地满足立交桥三维模型建立的正确性和高效性。

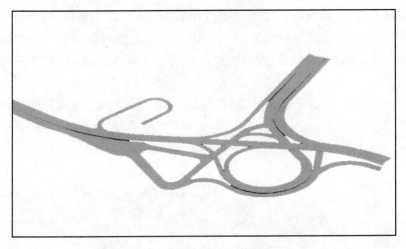

图 7-31　立交桥矢量模型

7.4　基于激光扫描技术的城市古建筑三维重建

　　三维激光扫描仪的出现,掀起了一场遥感领域立体测量技术的革命,它克服了传统技术的局限性,能够对实物进行立体扫描,解决了将现实世界快速地转换成计算机可以处理的数据。与传统数字化方法相比,它的速度快、实时性强、精度高,可以极大地降低成本,节约时间,而且使用方便,其输出格式可直接与 CAD、三维动画等工具软件接口。三维激光扫描技术的发展为空间信息的获取提供了全新的技术手段。

　　激光扫描技术与惯性导航系统(INS)、全球定位系统(GPS)、电荷耦合(CCD)等技术相结合,在大范围数字高程模型(DTM)的高精度实时获取、城市三维模型重建、局部区域的地理信息获取等方面表现出强劲的优势。机载激光扫描系统主要用于快速获取大面积三维地形数据,实时、准确、快速地获取数字高程模型(DTM)。在机载激光扫描系统中,激光扫描测量系统与 DGPS 系统、INS 系统以及 CCD 数字相机集成在一起,激光扫描系统获得地面三维信息,DGPS 系统实现动态定位,INS 系统实现姿态参数的测定,CCD 相机获得地面影像。在地面测量系统中,将激光扫描测量系统搭载到固定平台上,在空间目标三维重建中可发挥重要作用,主要用于城市三维重建和局部区域地理信息获取。

三维激光扫描技术采用非接触主动测量方式直接获取高精度三维数据,在文物保护领域具有非常广阔的应用前景及重要的社会、经济意义。利用三维激光扫描技术,将珍贵文物的几何、颜色、纹理信息记录下来,构建虚拟的三维模型,不但可以使人们通过虚拟场景漫游,仿佛置身于真实的环境中,可以从各个角度去观察欣赏这些历史瑰宝,而且还可以为这些历史遗迹保存一份完整、真实的数据记录,一旦遭受意外破坏,我们也可以根据这些真实的数据进行修复和完善。比较典型的项目有美国斯坦福大学利用三维激光扫描技术实施"数字化米开朗基罗"项目、美洲考古研究所以及匹兹堡大学艺术史学的专家重建的虚拟庞贝博物馆等。我国在文化遗产数字化方面也有显著的成就,如中国故宫博物院、敦煌洞窟文物管理部门已经启动了利用三维激光扫描技术实现文物展示和保护的相关项目。

利用三维激光扫描仪获取的点云数据构建实体三维几何模型时,不同的应用对象、不同点云数据的特性,三维激光扫描数据处理的过程和方法也不尽相同。概括地讲,整个数据处理过程主要包括:数据采集、不同测站数据配准与融合、几何模型重建与后处理、纹理映射。

1. 数据采集

目前,生产三维激光扫描仪的公司很多,如美国的 Leica 公司、3D DIGITAL 公司、Polhemus 公司等,奥地利的 RIGEL 公司、加拿大的 OpTech 公司、瑞典的 TopEye 公司、法国的 MENSI 公司、日本的 Minolta 公司、澳大利亚的 I-SITE 公司等。这些产品在测距精度、测距范围、数据采样率、最小点间距、模型化点定位精度、激光点大小、扫描视场、激光等级、激光波长等指标会有所不同。使用时可根据不同的情况如成本、模型的精度要求等进行综合考虑之后，选用不同的三维激光扫描仪的产品。图 7-32 为三维激光扫描仪获取的某古建筑的点云数据。

图 7-32　三维激光扫描仪获取的某古建筑的点云数据

2. 不同测站数据的配准与融合

由于受测量系统及视线的限制，不能一站式采集到物体完整的点云数据，所以选择物体的不同区域分块采集。无论是分块采集的数据还是分割处理后的数据，重构后的多个曲面最终要拼接到一起，因此需要将不同站点得到的三维点配准到一个统一的坐标系下。目前采用的方法主要有：基于标记点、基于几何特征及 Besl 和 Mckay 提出的 ICP 算法。当基站扫描得到的点云数据配准到同一坐标系后，其重合的部分必然会有两层数据，这就带来了数据的冗余和不一致，因此还需要将这两片数据融合成一体。

3. 三维几何模型的重建与后处理

在得到完整的三维数据之后，可基于基本几何体如圆柱、圆锥、棱柱等布尔操作的方法，或基于数学上自由曲面函数如 Bezier、B_Spline、NURBS 等进行曲面重构的方法，或基于 3D Delaunay 的方法等建模。由于点云数据不全或噪声等影响，重建后的模型还需进行后处理，如补洞、平滑等操作。

4. 纹理映射

基于前面的过程得到场景的几何模型，为了满足可视化的需要，还须对几何模型赋予颜色，从而能够绘制成具有色彩真实感的三维模型，一般采用数码相机拍摄的真实照片作为纹理的来源。在纹理映射的过程中,涉及相机标定、二维影像与三维几何模型如何配准等问题。图 7-33 为图 7-32 所示的激光扫描点云数据重建的古建筑三维模型。

图 7-33　基于激光扫描点云数据重建的某古建筑三维模型

7.5　三维重建的质量控制策略

三维重建的质量控制策略主要是指模型重建过程中的数据质量检查,涉及三维重建模型的完整性、三维重建模型特征点几何精度以及三维重建模型拓扑正确性三个方面。

三维重建模型的完整性检查是指三维数据的生产是否覆盖生产规定所定义的地物类型与实体。

结合城市人工目标三维重建的特点,上述质量控制策略主要以立体像对的立体模型为依据,可通过将提取的矢量特征点(或特征线)投影到立体影像上进行检查。

从三维重建的角度来看,三维模型检查主要包括几何模型检查和拓扑结构检查。

(1) 几何模型的检查主要是在模型建立后,将建立的三维模型跟立体像对中的立体模型进行比照,检查三维模型几何结构的正确性,并确定精度超限需要重新量测的地物。实践中可以按点、线、面与体的不同层面来检查其模型结构的正确性。对应不同的层面,其检查方式和检查内容也有区别:

① 点检查。三维重建模型的特征点几何精度检查,是指影像重建内业生产的特征点几何精度是否满足相关数据生产规范所定义的

精度要求;也包括边缘提取的特征点精度以及样条插值的精度,具体涉及特征点平面精度、特征点高程精度等。

② 线检查。主要是检查房屋边缘垂直、平行条件是否满足。房屋边缘大部分表现为垂直与平行结构,但在实际量测过程中一般难以满足。当前普遍采用的方法是对不满足垂直与平行结构的部分,使用格网功能进行编辑改正。

③ 面检查。主要是检查面结构是否合理,共面误差是否满足给定的限度。

④ 体检查。模型高度是否正确,组合是否完整,几何结构是否合理。

(2) 拓扑结构检查。三维重建模型的拓扑正确性检查是指基于三维模型点、线、面、体之间的几何约束关系,对三维模型的拓扑结构所执行的质量检查。遍历三维模型并与影像对中的立体影像对照,检查三维模型的拓扑结构是否正确,其主要内容包括:

① 目视检查。根据立体模型检查所建立的三维模型在视觉上是否与立体影像在主要结构特征上一致。

② 冗余面检查。检查是否存在破坏完整性的冗余面。

③ 复杂房屋及其附属设施间的外拓扑检查。

第 8 章
城市目标的变化检测

变化检测技术是对不同时段目标变化进行识别和分析的一项关键技术,是目前数字影像处理领域的前沿分支。20世纪70年代末,随着卫星对地观测成为现实,人们就开始研究利用卫星周期性重复对地观测的特点,基于遥感数据提取地表变化信息,进行变化检测。通过比较两个或多个不同时相的遥感影像数据,从中获取地物的变化信息,在城市土地覆盖变化监测、城市化动态监测、环境变迁动态监测、自然灾害监测、农作物估产等多方面具有显而易见的优势。如图8-1所示,通过两期不同时相的TM遥感影像,能很容易地检测到道路、桥梁的变化信息。

变化检测方法一般是针对特定应用提出来的,传统的影像解译与判读主要靠人工进行,依赖于解译人员的经验,可重复性和精度都不高,处理周期也较长,同一地区或大范围的解译工作量大,多幅影像的对比解译重复劳动量大,因此快速、自动的检测方法日益受到重视。特别是随着遥感信息源的不断增加,数据量急剧增长,需要研究遥感影像变化检测技术手段和实用的更新方法,满足对数据现势性普查和更新的需求。国内外对变化检测相关技术的研究与应用集中在海岸检测、土地覆盖利用、环境监测、地层分析等领域,这些领域的

宜昌市（TM真彩色1993年）　　　宜昌市（TM真彩色2002年）

图8-1　多时相遥感影像用于城市变化检测

目标一般面积较大，对卫星数据源的要求也不高，相应采取的方法一般涉及两种途径：分类后比较法和直接检测法，这是本章探讨的重点。

8.1　城市人工目标变化检测方法

城市目标在遥感影像上最直接的体现就是光谱特征的变化，在全色影像中体现的是灰度的变化，在多光谱影像中体现出来的是光谱特征向量的差异。本书总结并分析常用的变化检测算法，针对遥感影像的特点，建立适合其目标影像特征的变化检测方法。

8.1.1　分类比较法

1. 分类后比较法

分类后变化检测技术是最简单的基于分类的变化检测分析技

术。分类后比较方法可用于两幅或多幅配准后的影像,包括一个分类步骤和一个比较步骤,要求对多时相影像的每一幅影像单独进行分类,然后对分类结果影像进行比较。如果对应像素的类别相同,则认为该像素没有发生变化,否则认为该像素发生了变化。分类的方法可以是监督分类方法也可以是非监督分类方法。分类后比较法在20世纪70年代末已经开始使用,也曾被Skole和Tucke(1993)成功用于亚马孙流域的热带雨林监测。分类后变化检测的一个重要进步是可以克服由于多时相影像的传感器性质、分辨率等因素的差异带来的不便,不需要数据归一化过程,因为两幅影像是单独分类的。分类后比较法可以检测到非城区与城区的转变、森林与农田的转变、一般土地的使用情况及沼泽地的变化等。

分类后比较法在使用时也会受到一些因素的限制,这些限制因素包括以下三个方面:

(1)分类后比较法对于类别的合理划分要求比较高。类别划分得过细会产生大量的边缘点,从而造成检测误差的增加;类别划分得过粗又会忽略一些类别之间的差异,不能很好地反映实际情况。

(2)分类和变化检测步骤的分离。当分类与变化检测成为相对独立的两个过程时,比较分析就基于从两幅影像中得到的处理过的信息而不是原始信息。这会使产生的信息量减少,从而造成准确性下降。

(3)分类后比较法对于分类错误比较敏感。因为分类后比较法需要对用于变化检测的多幅影像分别分类,任何一幅影像的分类错误都会造成结果的错误,这就等于增加了错误发生的几率。

分类后比较法变化检测如图8-2所示。

2. 直接多时相影像分类法

直接多时相影像分类法(有时也称光谱/时间分类法)通过两个或多个日期的组合数据序列的单一分析来识别变化区域。它可以在监督或非监督的模式下进行分析。在监督模式中,与变化和无变化区域有关序列的训练由簇分析来确定,然后检查整个序列,进而标注哪些地方发生了变化。任何情况下,我们都期望变化类与非变化类有显著不同的统计特性。直接多时相影像分类法已经用于检测海岸

(a) 第一时相遥感影像

(b) 第二时相遥感影像

(c) 分类比较法变化检测结果

图 8-2　分类后比较法变化检测

区域和森林的变化,并取得了较高的准确度。直接多时相影像分类法使用两个或更多日期的影像数据集的一次分析来识别变化的区域。举例说明,假设有两个不同时间的 Landsat MSS 影像数据,用两个四波段数据产生一个八波段数据集,然后采用监督分类方法或非监督分类方法对这个数据集进行分析,随后判断在哪些区域发生了变化。在监督分类中,使用属于变化或不变化区域的训练样本来推导一些统计量,以定义特征空间的子空间;在非监督分类中,通过聚类分析决定类别。直接的多时相影像分类用于检测海岸区域或森林区域的变化,经常能够得到较好的结果。本方法主要应用于多波段影像。

8.1.2　像素级变化检测

1. 灰度差值法

影像差值法对多时相影像中对应像素的灰度值进行相减,结果影像代表了该时段内影像的变化。表达式如式(8-1)所示。影像差值法可以应用于单一波段(称做单变量影像差分),也可以应用于多波段(称做多变量影像差分):

$$Dx_{ij}^k = x_{ij}^k(t_2) - x_{ij}^k(t_1) + C \qquad (8\text{-}1)$$

式中:i、j 为像素坐标值;k 为波段;t_1、t_2 为第一幅影像时间、第二幅影像时间;C 为常量,用来得到正值。

由于最后只要求找到变化的区域,为此更改影像差值公式(8-1)为公式(8-2):

$$Dx_{ij}^k = \left| x_{ij}^k(t_2) - x_{ij}^k(t_1) \right| \qquad (8\text{-}2)$$

对差值影像进行统计处理,计算差值影像的均值和标准差。如果差值影像中像素的灰度值满足式(8-3),就认为该像素发生了变化:

$$Dx_{ij}^k - m \geq T_d \cdot \text{STD} \qquad (8\text{-}3)$$

式中:m 为差值影像均值;STD 为差值影像标准差;T_d 为门限值。

用对应像素灰度值直接相减的效果很差,一般都取窗口,用窗口均值代替窗口中心像素的灰度值进行计算。

2. 相关系数法

相关系数法计算多时相影像中对应像素灰度的相关系数,结果代表了两个时间影像中对应像素的相关性。一般是取窗口,计算两个影像中对应窗口的相关系数,来表示窗口中心像素的相关性。如果相关系数值接近 1 则说明相关性很高,该像素没有变化;反之,则说明该像素发生了变化。通过式(8-4)得到相关系数,如果相关系数 r 满足公式(8-5),就认为该像素发生了变化,T_r 为门限值。

$$r_{ij} = \frac{\sum_{m=1}^{n}(x_m - \bar{x})(y_m - \bar{y})}{\sqrt{\sum_{m=1}^{n}(x_m - \bar{x})^2}\sqrt{\sum_{m=1}^{n}(y_m - \bar{y})^2}} \qquad (8\text{-}4)$$

式中:n 为一个窗口内所有像素的个数,$\bar{x}$、$\bar{y}$ 分别为待配准影像和基准影像的相应窗口内像素灰度的平均值。

$$r \leq T_r \qquad (8\text{-}5)$$

3. 比值法

比值法通过计算已配准的多时相影像对应像素的灰度值的比值

来完成变化检测分析,如果在一个像素上没有发生变化,则比值接近1;如果在此像素上发生变化,则比值远大于或远小于1(依靠变化的方向)。数学表达式如式(8-6)所示:

$$Rx_{ij}^k = \frac{x_{ij}^k(t_2)}{x_{ij}^k(t_1)} \tag{8-6}$$

比值法的处理过程和影像差值法差不多,只是最后对窗口均值求比值而不是求差值。当 Rx_{ij}^k 满足式(8-7)时,则认为该像素发生了变化:

$$Rx_{ij}^k \leqslant T_l \quad \text{或} \quad Rx_{ij}^k \geqslant T_h \tag{8-7}$$

式中: T_l 和 T_h 分别代表高门限和低门限。

4. 影像回归法

在影像回归变化检测方法中,时间 t_1 获得的影像中的像素应该可以表示成时间 t_2 获得的影像中的对应像素灰度值的一个线性函数,所以可以使用最小均方误差来估计此线性函数。如果两幅影像 (i,j) 点处的像素灰度值分别为 $x_{ij}^k(t_1)$ 和 $x_{ij}^k(t_2)$,其中 k 表示波段数,由 $x_{ij}^k(t_1)$ 经过估计出的线性函数计算得到的第二幅影像对应像素估计值为 $\hat{x}_{ij}^k(t_2)$,则差值影像可以表示为:

$$Dx_{ij}^k = \hat{x}_{ij}^k(t_2) - x_{ij}^k(t_2) \tag{8-8}$$

通过选择合适的阈值,可以确定变化的区域。影像回归法可以用于处理不同时期影像的均值和方差存在差别的情况。

5. 植被索引差值法

植被索引差值法主要应用于植被研究方面,植被索引也就是两波段影像对应像素的灰度值之比或灰度值几何运算之比。由于植被对红光有很强的吸收能力,对近红外光有很强的反射能力,所以用这两个波段的影像数据进行比值处理,较好地体现了植被特征,用植被索引进行差值处理就能够检测植被的变化。有许多植被索引在实际应用中使用,最普遍的植被索引是归一化差分植被索引(NDVI)。引进差值处理就能够检测植被的变化。

$$NDVI = \frac{NIR - R}{NIR + R} \tag{8-9}$$

其中:NDVI 为归一化差分植被索引;

NIR 为近红外光辐射值；

R 为红光辐射值。

当使用植被索引时提倡采用一些辐射校正以补偿土壤背景的影响。植被索引差值法可被用于研究沙漠化和森林虫灾。需要注意的是，索引也可以用来定义不是植被的其他特征。植被索引差值法多应用于多波段影像。

6. 变化向量分析法

多光谱遥感影像数据可以用一个具有与影像光谱分量相同维数的向量空间来表达。影像中一个特定的像素可以用此向量空间中的一个点来表示，向量空间的坐标与相应光谱分量的亮度值有关。因此，与每个像素有关的那些数据值在多维空间中定义了一个向量。如果一个像素在时间 t_1 到 t_2 内发生了变化，向量描述的变化可以用 t_2 时的向量与 t_1 时的向量的差来定义。这个差向量就称为光谱变化向量。如果使用这个变化向量分析两个时间影像的变化，则我们称它为变化向量分析法。如果光谱变化向量的幅值超过了某个特定的阈值，就认为发生了变化。这个向量的方向包含了变化类型信息。这个方法可应用于森林变化检测和土地使用变化检测。

7. 主分量分析法

主分量分析法（principal components analysis, PCA）使用主要分量变换（有时也称为 Hoteling 或离散 Karhunen-Loeve 变换）。在原始数据的协方差或相关矩阵中我们可以发现：如果一个线性变换定义了一个新的直角坐标系，那么数据就可以表达成不相关形式。新坐标系的各个轴由矩阵的相应特征向量定义。每个像素可以用它的原始向量（例如，像素亮度值）和特征向量的向量乘积进行变换，然后就可以得到新空间（如一个新像素向量）的坐标。每个特征向量可以看成一个定义的新波段，并且，每个像素的坐标可以看成是它在那个"波段"中的亮度。每个新"波段"所表达的总场景变化量由相应特征向量的特征值给出。PCA 已经应用于由两个或多个日期的波段所组成的影像数据序列中。当区域没有显著变化时，影像数据之间会有很高的相关性，而当区域发生了显著的变化时，它们的相关性就会很小。假设多时相影像数据序列中的变化的主要部分与恒定的植被类型相关联,那么有局部变化的区域会在由影像产生的更高的主分量中得到加强。协方差矩阵确定的主分量将会与那些使用相关矩阵确定的主分量有所不同。

8. 归一化影像差值法

归一化影像差值法对原始影像差值法作了一点改变。在这一方法中,两幅影像在比较之前进行了归一化,产生了具有可以比较的均值和方差的影像,经过归一化后的影像再相减生成差值影像。有很多方法可以进行归一化,最常用的方法是使用均值和方差。影像的归一化可以通过以下公式进行:

$$\mu_k = a_k + b_k(x_k - \bar{x}_k) \tag{8-10}$$

式中:x_k 是第 k 个波段的像素值;$\bar{x}_k$ 为给定影像第 k 个波段的均值;μ_k 是第 k 个波段的输出值;a_k 和 b_k 是参数,可以分别表示为

$$a_k = \bar{\mu}_k, \quad b_k = \frac{s_{\mu k}}{s_{xk}} \tag{8-11}$$

式中:$\bar{\mu}_k$ 为 μ_k 的均值;s_{xk} 和 $s_{\mu k}$ 分别为 x_k 和 μ_k 的标准差。

归一化影像差值方法可以提高检测的性能,但是变换系数的选择非常重要。在归一化过程中,均值和方差需要在变换前进行计算,这增加了程序运行的时间。Insram et al(1981)使用归一化影像差值方法进行了城区变化检测,他们发现归一化方法改善了检测结果。

9. 内积分析法

在内积分析方法中,像素灰度值被看做是多光谱的向量,两个向量之间的区别通过两向量间夹角的余弦来表示,如果两个向量彼此一致,内积就等于1;如果两个不同时期的对应像素发生了改变,内积就会在 -1 和 1 之间变动。生成一幅单波段影像来记录内积,根据内积的不同值来体现影像变化。

设 x,y 为取自两幅不同时间影像对应像素的光谱向量,两向量的内积可以表示为:

$$[x(t_1),x(t_2)] = \sum_{k=1}^{b} x(t_1)_k x(t_2)_k \tag{8-12}$$

表面反射值的差异可以表示为:

$$d = \frac{[x(t_1),x(t_2)]}{\sqrt{[x(t_1),x(t_1)][x(t_2),x(t_2)]}} \tag{8-13}$$

由于 $-1 < d < 1$，所以内积可以用下式表示：
$$c = a_1 d + a_0 \tag{8-14}$$
式中：a_1、a_0 为两个常数，使得内积 c 能取得合适的非负间隔。

10. 纹理特征差值法

灰度共生矩阵强调灰度的空间依赖性，其特点是体现了在一种纹理模式下的像素灰度的空间关系，此处用影像区域纹理特性值作为该区域中心像素的变化检测对象，在这里我们选对比度作为纹理特征。

灰度共生矩阵的各元素值由下式确定：
$$p_{ij} = \frac{p(i,j,d,\alpha)}{\sum_i \sum_j p(i,j,d,\alpha)} \tag{8-15}$$
式中：$p(i,j,d,\alpha)$ 是灰度分别为 i 和 j，距离为 d 且方向为 α 的像素点对的出现次数。
$$f = \sum_{i,j}(i-j)^2 p_{ij} \tag{8-16}$$
表达式为：
$$Dx_{ij} = f_{ij}(t_2) - f_{ij}(t_1) + C \tag{8-17}$$
式中：f_{ij} 为纹理特征值；i,j 为像素坐标值；t_1、t_2 为两幅影像的获取时间；C 为常量。

11. 矩特征差值法

若将影像看做一个二维随机过程，标准化的中心矩具有平移、旋转、比例及线性变换不变性等优良性质，因而适于作描述影像的特性。在理论上，足够多的一组矩就可完全描述任何影像，与任何其他变换一样，低阶矩描述的主要是能量分布较大的概略信息，而高阶矩主要是描述影像中的细节信息。用影像区域不同的矩特性作为该区域中心像素的变化检测对象。

矩：
$$m_{pq} = \sum_x \sum_y x^p y^q f(x,y) \tag{8-18}$$
中心矩：$u_{pq} = \sum_x \sum_y (x-\bar{x})^p (y-\bar{y})^q f(x,y)$,
$$\bar{x} = \frac{m_{10}}{m_{00}}, \quad \bar{y} = \frac{m_{01}}{m_{00}} \tag{8-19}$$

利用影像的二阶及三阶矩可以得出影像的七个不变矩,选取其中之一:

$$I = (u_{20} - u_{02})[(u_{30} + u_{12})^2 - (u_{21} + u_{03})^2] \\ + 4u_{11}[(u_{30} + u_{12})^2(u_{21} + u_{03})] \quad (8\text{-}20)$$

两影像相减,表达式为:

$$DI_{ij} = I_{ij}(t_2) - I_{ij}(t_1) + C \quad (8\text{-}21)$$

12. 自适应性典型相关法

典型变换是将两组随机变量之间的复杂相关关系简化,即把两组随机变量之间的相关性简化成少数几对典型变量之间的相关性,而这少数几对典型变量之间又是互不相关的。此方法将用来对提取的区域统计特性、区域纹理特性、区域矩特性进行筛选、重组,然后再变化检测。

13. 相关法

影像相关是最基本的一种影像匹配方法。研究影像匹配的问题正是为了找出在所检测的两幅影像中"相同或相似的程度",从而得到不同的区域即变化。显然,相关程度越大,变化越少;反之,变化则越大。相关系数测度是影像相关中最常用的方法之一。相关法是利用两个信号的相关函数,评价它们的相似性,对相似的程度进行量化,得出变化与非变化的结果。常用的相似度测度有相关系数、相关积测度、协方差函数测度、差的绝对值和、差的平方和、互信息法。

14. 小波变换系数差值法

将同一目标区前后时相的遥感影像进行小波分解,若目标未发生变化,则两时相对应区域的小波系数接近;若目标发生了变化,则对应区域的小波系数差别大。对两时相遥感影像各波段对应的小波系数求差,得到的小波系数在目标未发生变化的区域接近0,发生变化区域的小波系数绝对值大,能量高,因此,当对其进行小波逆变换,得到的影像在目标发生变化处的图斑亮度值大,而未变化处的亮度值小时,根据图斑亮度差异就可以区别出发生变化的目标。

8.1.3 特征级变化检测

特征级变化检测方法主要包括点特征和线特征,其中线特征主要指目标的边缘特征。

1. 边缘特征检测法

边缘特征检测法通过提取多时相影像边缘,再比较边缘图的差异,标注的差异边缘就是变化目标的轮廓。边缘特征检测法一般用于检测线性目标的变化。该方法的优点是比较稳健,对于光照条件和视角差异等不敏感。

2. 点特征检测法

特征点是指影像中具有复杂纹理特性的特殊点,例如角点、拐点、交叉点等,是一种很有用的底层影像特征。对光学影像,可采用如下特征点提取算法:

(1) Susan 算子。Susan 算子适合提取大量密集的特征点,速度很快。

(2) Forstner 算子。Forstner 算子在纹理丰富地区特征点也很丰富,在纹理匮乏地区几乎没有。

(3) Harris 算子。Harris 算子提取的特征点分布较为均匀,且速度、精度适中。

8.1.4 整体特征变化检测

整体特征变化检测方法包括统计测试法、纹理测试法和矩特征测试法等方法。

1. 统计测试法

对于多时相影像可以应用统计测试方法检测是否发生变化。有各种各样的统计测试,如决定两个样本是否来自相同总体的 Kalmogorov-Snirnov 测试、两个时期影像数据之间的相关系数和协方差等。统计测试只能检测影像数据是否发生变化,不能解决变化的位置、变化的性质等问题。统计测试通常仅仅测试了待检测影像中一些统计参数是否发生变化。统计测试法的优点是它受影像配准误差的影响很小。

2. 纹理测试法

统计待检测区域的纹理特征,比较这些参数是否有变化,再根据变化的大小来判断整体变化的情况。

3. 矩特征测试法

统计待检测区域的矩特征,比较这些参数是否有变化,再根据变化的大小来判断整体变化的情况。

8.2 城市人工目标变化检测的一般流程

城市的变化都具有一定面积的变化,像素级的变化检测方法即能满足要求,因此可以采用如图8-3所示的变化检测流程。

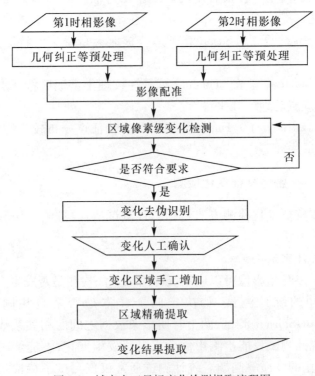

图8-3 城市人工目标变化检测提取流程图

8.3 城市目标变化检测及分析

城市目标变化检测是通过不同时相的遥感影像的变化信息的识别和提取,获取城市变化过程。城市遥感影像的变化检测目前已经得到广泛的应用,如城市的扩张、违法用地等。针对城市目标的变化检测,一般采用高分辨率卫星影像或航空影像,因此,采用像素级变化检测方法,即能满足检测违章建筑、道路变更等需求的精度要求。以比值法为例,先对两幅输入影像做比值,得到中间结果,再对中间结果进行分割,得到一幅二值影像作为最终结果。两幅影像计算比值时,取以某像素为中心点的适当大小窗口的平均像素值代替此像素值计算比值。对于变化区域,比值会远大于或远小于1。我们将比值限定在0~1之间,即如果某对同名像素比值大于1,则取其倒数作为比值结果,由中间结果均值乘以经验系数来确定阈值。从计算时间上看,这种改进的比值法耗时很短,从精度上看,检测出了所有变化区域,且误检区域很少,效果比灰度差值法、矩特征差值法、影像回归差值法、归一化影像差值法、相关系数法都要好。表8-1 对以上六种方法作了综合比较。针对图8-4 所示的武汉市某地 2002 年和 2004 年 QuickBird 影像,比值法变化检测结果如图8-5 所示。图8-6 和图8-7 分别为建筑物和道路的变化检测结果示例。

表8-1　　　　六种像素级变化检测方法比较

比较项目 算法	灵敏度	检出率	速度	复杂度	误检	漏检	噪声影响
灰度差值法	一般	部分	很快	低	少数	部分	一般
矩特征差值法	很灵敏	部分	较慢	较高	部分	无	一般
影像回归差值法	低	部分	较快	较高	部分	大部分	一般
归一化影像差值法	很灵敏	部分	较快	一般	部分	部分	一般
相关法	很灵敏	大部分	一般	一般	部分	部分	较高
改进的灰度比值法	很灵敏	全部	很快	低	少数	无	轻微

132　城市遥感

(a) 2002年武汉市某区QuickBird影像　　(b) 2004年同一地区QuickBird影像

图 8-4　变化检测数据源

图 8-5　比值法变化检测结果

图 8-6　建筑物变化区域放大后的检测示例

图 8-7 道路变化区域放大后的检测示例

这种变化检测方法也适合于流域水面的变化检测,如用于检测洪水变化,图 8-8 为根据 1998 年气象卫星遥感影像变化检测结果制作的长江中游洪涝灾害分布图。

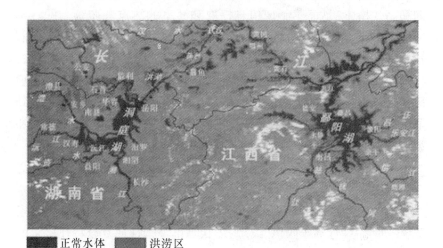

图 8-8 根据 1998 年气象卫星遥感影像变化检测结果
制作的长江中游洪涝灾害分布图

第 9 章
城市遥感影像检索

如何从日益庞大的遥感影像数据仓库实现感兴趣目标的快速查询和高效检索,是遥感影像信息提取和共享的热点和瓶颈难题。单纯的基于文本或者关键词的检索已经不能够满足人们的需求,人们开始试图从基于内容的角度实现图像检索。20 世纪 90 年代以来,国内外众多研究机构和大学开展和实施了众多相关研究计划和项目,MPEG-7 标准的建立也对推进基于内容的图像检索的发展起到了积极的作用。城市遥感影像基于内容的检索已经成为数字地球和数字城市建设中解决信息检索难题的一项关键技术。

按照检索的内容,可将基于内容的图像检索从低至高大致分为三个层次:

(1)视觉层。基于图像的可视化特征的检索层次。现有的检索系统一般都具有基于颜色、纹理、形状等单个特征或复合特征检索的功能。

(2)感知层。基于对象或对象间关系、知识等的检索层次。其正在成为检索领域新的研究重点,但研究成果的实用性有待进一步验证和提高。

(3)情感层。基于场景、行为、情感等因素的检索层次。属于高层语义特征,难度很大,在目前计算机视觉和图像理解的发展水平下,还没有很好的解决方案。

本章介绍城市遥感影像基于纹理特征和目标群空间方位关系的检索方法。纹理特征对于城市遥感影像上目标的识别具有非常重要的意义,而空间方位关系则有利于描述和识别城市遥感影像上同类或不同类的一组目标,如建筑物群、农田、停车场等。

9.1 基于纹理特征的城市遥感影像检索

在遥感影像中,纹理主要是由地物特征如森林、草地、农田、城市建筑群等产生的。与地物光谱特征相比,遥感影像中地物的纹理特征相对更为稳定,在高分辨率影像分析和识别中,特别是当遥感影像上目标的光谱信息比较接近时,纹理信息对于区分目标具有非常重要的意义。

纹理分析方法一般可以分为统计法、结构法、模型法和信号处理法四类。统计法是传统的纹理分析方法,经典的统计法包括灰度共生矩阵法、自相关函数法、纹理谱统计法等;结构法以基元特征和排列规则进行纹理分割,具体方法包括数学形态学法、句法纹理分析等;模型法假设纹理是以某种参数控制的分布模型方式形成的,分形方法和马尔可夫随机场方法是模型法中目前应用最广、效果较好的纹理分析方法;信号处理法是建立在时、频分析和多尺度分析基础之上的方法,它利用人的视觉具有多通道和多分辨率的特征来描述纹理,属于变换域方法。本节主要介绍基于信号处理法的城市遥感影像纹理特征检索方法,考虑到纹理多尺度特征提取是城市遥感影像纹理特征检索中的关键,本节介绍基于 Gabor 小波滤波器、基于树状小波分解、基于 Contourlet 变换的城市遥感影像纹理特征提取方法,然后以多尺度多方向 Contourlet 纹理特征为例,介绍具体的检索流程并给出结果。

9.1.1 基于 Gabor 小波滤波器的城市遥感影像纹理特征提取

由于 Gabor 滤波法利用了 Gabor 滤波器具有时域和频域的联合

最佳分辨率,并且较好地模拟了人类视觉系统的视觉感知特性的良好性质,在遥感影像纹理分析中颇受关注。下面首先介绍 Gabor 小波滤波器函数,然后介绍基于 Gabor 小波滤波器的特征提取方法。

首先,采用母 Gabor 小波作为 2D Gabor 函数,表达式如式(9-1)所示:

$$g(x,y) = \left(\frac{1}{2\pi\sigma_x\sigma_y}\right)\exp\left[-\frac{1}{2}\left(\frac{x^2}{\sigma_x^2} + \frac{y^2}{\sigma_y^2}\right) + 2\pi jWx\right] \quad (9\text{-}1)$$

式(9-2)为式(9-1)的 Fourier 变换:

$$G(u,v) = \exp\left\{-\frac{1}{2}\left[\frac{(u-W)^2}{\sigma_u^2} + \frac{v^2}{\sigma_v^2}\right]\right\} \quad (9\text{-}2)$$

式中:W 为高斯函数的复调制频率;σ_x 和 σ_y 分别为信号在空间域 x 和 y 方向上的窗半径;σ_u 和 σ_v 分别为信号在频率域的坐标,且满足 $\sigma_u = \frac{1}{2}\pi\sigma_x$ 和 $\sigma_v = \frac{1}{2}\pi\sigma_y$。

Gabor 函数构建了一个完备但是非正交基,以 2D Gabor 函数作为母小波,通过对其进行如式(9-3)所示的膨胀和旋转变换,就可以得到自相似的一组滤波器,称为 Gabor 小波变换滤波器:

$$\begin{cases} g_{mn}(x,y) = a^{-m}G(x',y') \\ x' = a^{-m}(x\cos\theta + y\sin\theta) \\ y' = a^{-m}(-x\sin\theta + y\cos\theta) \end{cases} \quad (9\text{-}3)$$

式中:$a > 1$;m,n 为整数;$\theta = n\pi/k (n = 0,1,\cdots,K-1)$;$a^{-m} (m = 0,1,\cdots,S-1)$ 表示尺度因子。设 U_l 和 U_h 分别表示最低中心频率和最高中心频率,K 和 S 分别表示多尺度分解中的方向个数和尺度级数。

$$\begin{cases} a = \left(\frac{U_h}{U_l}\right)^{\frac{1}{S-1}} \\ \sigma_u = \frac{(a-1)U_h}{(a+1)\sqrt{2\ln 2}} \\ \sigma_v = \tan\left(\frac{\pi}{2K}\right)\left[U_h - 2\ln\left(\frac{2\sigma_u^2}{U_h}\right)\right]\left[2\ln 2 - \frac{(2\ln 2)^2\sigma_u^2}{U_h^2}\right]^{-1/2} \end{cases}$$

$$(9\text{-}4)$$

对于给定的图像 $I(x,y)$,其 Gabor 小波变换可以定义为公式

(9-5):

$$W_{mn}(x,y) = \int I(x_1,y_1) g_{mn}*(x-x_1, y-y_1) dx_1 dy_1 \quad (9-5)$$

纹理特征可以采用式(9-6)所示的向量来表示：

$$\bar{f} = (\mu_{00}, \sigma_{00}, \mu_{01}, \sigma_{01}, \cdots, \mu_{M-1,N-1}, \sigma_{M-1,N-1}) \quad (9-6)$$

式中：μ_{mn} 和 σ_{mn} 分别表示变换系数的均值和方差，计算公式如下：

$$\begin{cases} \mu_{mn} = \iint |W_{mn}(x,y)| dxdy \\ \sigma_{mn} = \sqrt{\iint (|W_{mn}(x,y)| - \mu_{mn})^2 dxdy} \end{cases} \quad (9-7)$$

相似性距离计算公式如式(9-8)所示，$a(\mu_{mn})$ 和 $a(\sigma_{mn})$ 用来实现归一化：

$$d(i,j) = \sum_m \sum_n d_{mn}(i,j), d_{mn}(i,j) = \left| \frac{\mu_{mn}^{(i)} - \mu_{mn}^{(j)}}{a(\mu_{mn})} \right| + \left| \frac{\sigma_{mn}^{(i)} - \sigma_{mn}^{(j)}}{a(\sigma_{mn})} \right| \quad (9-8)$$

9.1.2 基于树状小波分解的城市遥感影像纹理特征提取

树状小波分解与传统的金字塔形小波分解的不同之处在于，金字塔形小波分解对低频子带递归分解，实现图像的多级分解，这种分解方式不适合于纹理丰富信息包含在其他频带信息的情况。而树状小波分解不仅仅分解低频子带，而是根据图像特征，按照子带图像的能量自适应地对各个子带信息进行分解。在分解过程中，根据式(9-9)所示的能量函数来判断某个子带是否继续分解。

$$E_0 = \frac{1}{MN} \sum_{i=1}^{M} \sum_{j=0}^{N} |F(i,j)| \quad (9-9)$$

以下是基于树状小波变换的城市遥感影像纹理特征提取步骤：

(1)根据式(9-9)计算原始输入影像的能量值，记为 e_0。

(2)对原始输入影像进行一级分解，产生四个子带，分别是 LL，LH，HL 和 HH。计算各个子带的能量，记为 e_{LL}, e_{LH}, e_{HL} 和 e_{HH}，并分别与 ce_0 进行比较。如果某个子带的能量值小于 ce_0，则该子带停止分解，纹理特征采用其均值和方差来描述（其中，c 为一个阈值常数）。

(3) 反之,如果某个子带的能量值大于 ce_0,则进一步分解,直到满足能量值小于 ce_0 的终止条件。

(4) 以上形成的呈树状分布的特征矢量构成原始输入影像的纹理特征矢量。

9.1.3 基于 Contourlet 变换的城市遥感影像纹理特征检索

Contourlet 变换是 Minh. N. Do 和 Martin. Vetterli 在 2002 年提出的一种新的多尺度几何分析(multiscale geometric analysis,MGA)工具,具有多方向、多尺度和各向异性的特点,可以同时描述视觉信息的三个基本要素:尺度、空间和方向信息,目前在遥感影像压缩、遥感影像分类、遥感影像检索等领域均有应用。从图 9-1(b)可以看出,Contourlet 变换的基函数的支撑区间为长宽比随尺度变化而变化的长条形结构,能以接近最优和最稀疏的方式描述图像边缘和用最少的系数来逼近奇异曲线,图 9-1(a)为二维可分离小波基于正方形结构支撑空间的曲线逼近方式。

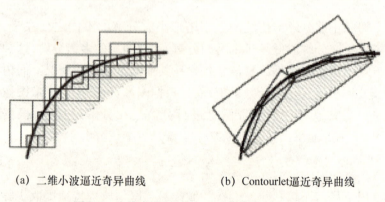

(a) 二维小波逼近奇异曲线　　(b) Contourlet逼近奇异曲线

图 9-1　二维小波和 Contourlet 的曲线逼近方式

Contourlet 的分解方式如图 9-2 所示。Contourlet 变换中,可以根据需要设置不同的变换尺度参数和方向尺度参数,本章设置 R 为 Contourlet 变换尺度参数,l 为其方向矢量参数。当 $R=3$ 时,$l=[1\ 2\ 3]$,Contourlet 变换的方向滤波器组将图像分级为 2^l 个方向子带,一次 3 级 Contourlet 分解可以得到 14 个方向的高频子带信号。

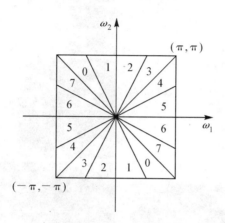

图 9-2　频率域子带分解

图 9-3 给出一幅原始遥感影像及其 3 级 Contourlet 分解效果图（包括一个低频子带信号和 14 个方向的高频子带信号）。图中包含了城市遥感影像的一类重要目标——建筑物。

直方图是近似概率分布的基本统计方法，Contourlet 域谱直方图定义如下。给定一个影像窗口 W 和一组 Contourlet 变换带通子带 $W^{(\alpha)}$。子带 $W^{(\alpha)}$ 的谱直方图计算公式如式（9-10）所示：

$$H_W^{(\alpha)}(z) = \frac{1}{|W|}\sum_v \delta(z - W^{(\alpha)}(v)) \qquad (9\text{-}10)$$

其中 $\delta(\ )$ 为狄拉克函数，v 为窗口边界条件内的。选择多个滤波器 $(1,2,\cdots,K)$ 进行滤波操作，可定义影像窗口 W 的谱直方图矢量如式（9-11）所示：

$$H_W = (H_W^{(1)}, H_W^{(2)}, \cdots, H_W^{(K)}) \qquad (9\text{-}11)$$

式（9-11）中，组成这一组直方图的变换域系数假设是相互独立的。一幅影像或影像窗口的谱直方图从本质上来讲，就是某一滤波器的频率响应和多滤波器组的集成响应在边缘分布上的一组向量，由此形成纹理特征。因为每个滤波反映的边际分布都是一个概率分布，因此可以定义两个光谱直方图 H_{W1} 和 H_{W2} 之间的距离为：

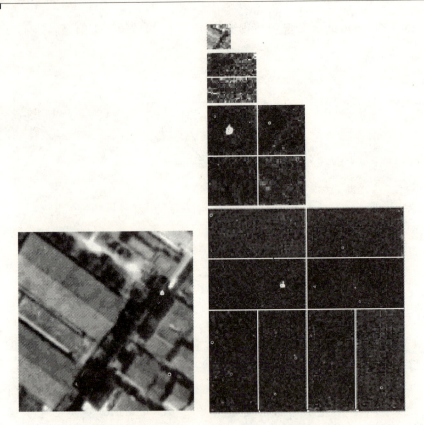

图 9-3　城市遥感影像及其 3 级 Contourlet 分解效果图

$$\chi^2(H_{W1}, H_{W2}) = \sum_{\alpha=1}^{K} \sum_{z} \frac{(H_{W1}^{(\alpha)}(z) - H_{W2}^{(\alpha)}(z))^2}{H_{W1}^{(\alpha)}(z) + H_{W2}^{(\alpha)}(z)}$$

$$= \sum_{\alpha=1}^{K} \chi^2(H_{W1}^{(\alpha)}, H_{W2}^{(\alpha)}) \tag{9-12}$$

式中:χ^2 统计量为 Kullback-Leibler 距离离散度的最佳近似值,广泛应用于直方图相似性比较。

图 9-4 和图 9-5 分别为基于 Contourlet 变换的城市遥感影像纹理特征检索流程图和基于 Contourlet 变换的城市遥感影像纹理特征检索效果图。从效果图可以看出,返回的前 12 个结果影像中大多包含了类似的建筑物目标。

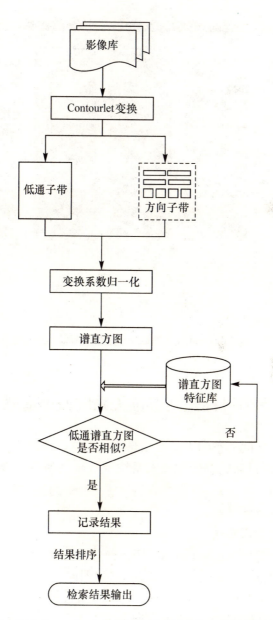

图 9-4 基于 Contourlet 变换的城市遥感影像纹理特征检索流程

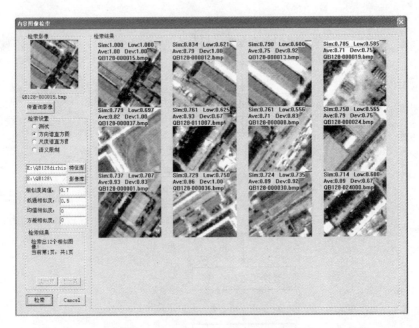

图 9-5　基于 Contourlet 变换的城市遥感影像纹理特征检索效果

9.2　基于多目标空间方位关系的城市遥感影像检索

多个目标间的空间方位关系是影响遥感影像检索性能的一个重要因素,也是目前遥感影像检索系统亟待解决的一个难题。对于多目标的空间方位关系,有多种表达方法,比如力直方图、属性关系图、空间关系直方图等。

1. 力直方图建模

力直方图(force histogram)是一种两个目标间空间方位关系描述手段,具有准确地反映出两目标形状、朝向、大小以及距离的变化的能力。如图 9-6 所示,E 表示一个物体或者目标,$\Delta_\alpha(v)$ 为一条方向线,其中 α 为方向线与参考方向 i 的夹角,方向线与物体 E 相交的部分 $E \cap \Delta_\alpha(v)$ 记做 $E_\alpha(v)$。

一条方向线在通过两个目标时,会分别与两个目标相交,产生两

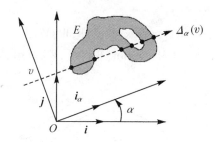

图 9-6　方向线示意图

个线段的集合 $A_\theta(v)$ 和 $B_\theta(v)$。那么沿着这一条方向线,两个目标间力的作用就是这两个集合中线段间力的合成。对任意角度 θ 做一组平行线,计算每条平行线上两目标的引力,求和便得到一个力的量值。引力由式(9-13)、式(9-14)算出。对 $\theta\in(0,2\pi)$ 的每一个角度重复上述运算,再利用式(9-15)就得到两目标的力直方图 $\varphi^{AB}(\theta)$。

$$f(x,y,z) = \int_{y+z}^{x+y+z}\left(\int_0^z \varphi(u-w)\mathrm{d}w\right)\mathrm{d}u \tag{9-13}$$

$$\varphi(d) = \frac{1}{d^2} \tag{9-14}$$

$$\varphi^{AB}(\theta) = \int_{-\infty}^{+\infty} F(\theta,A_\theta(v),B_\theta(v))\mathrm{d}v \tag{9-15}$$

2. 力直方图的旋转和缩放不变性

当目标群发生旋转或者缩放变换时,力直方图的变化分别表现为平移变化和幅值变化。为了解决旋转不变问题,Scott G 等人提出的基本思想是:如果能找到一个参考物体,使得这个参考物体与多目标间的相对位置不变,即参考物体随着目标的旋转而旋转,随着目标的平移而平移,那么通过计算参考物体与每个目标力直方图来描述这组目标的空间关系,即可解决直方图旋转后平移的问题。为了解决缩放不变问题,Scott G 等人提出的基本思想是,首先计算参考物体与图中目标群的力直方图,并用其表示这组目标的空间关系。分别以参考物体 A、B 为顶点,将目标分成 M 个区域(如图 9-7 所示,其中 $M=20$),每 $8°$ 为一个区域,对于每个区域 $i(i=1,2,\cdots,M)$,求参考物体与目标间的力直方图,计算其力的均值 $W\{i\}$,代表第 i 个区

域对力的贡献。令

$$S\{i\} = \max\{W_A\{i\}, W_B\{i\}\} \quad (9\text{-}16)$$

$$S\{i+M\} = \min\{W_A\{i\}, W_B\{i\}\} \quad (9\text{-}17)$$

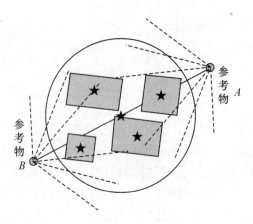

图9-7 多目标间空间方位关系的确定

最后,对 S 进行归一化处理,即可以达到缩放不变性。归一化后的向量 S 便描述了多目标的空间关系,这样就完成了多目标空间关系的建模。

3. 两组目标群之间的相似性度量

两组目标的匹配程度用相似度来表示,即两组目标各自的空间关系 S 的相似度。式(9-18)给出了求出两组目标间的相似度 $d(d \in [0,1])$ 的公式,其中, $S_{1_{[i]}}, S_{2_{[i]}}$ 的基本算法参见式(9-16)和式(9-17), M 表示每个参考物体将图像分成的区域数。

$$d(s_1^2, s_M^2) = \frac{1}{2}\sum_{i=1}^{2M} \frac{\min\{S_{1_{[i]}}, S_{2_{[i]}}\}}{\max\{S_{1_{[i]}}, S_{2_{[i]}}\}} \quad (9\text{-}18)$$

4. 基于多目标群空间方位关系的城市遥感影像检索流程及检索结果

图9-8给出基于多目标空间方位关系的遥感影像检索算法流程。采用某城市全色 QuickBird 卫星影像(空间分辨率为0.61 m)为实验数据,对算法流程进行了验证,从中截取多组人工目标,每组目

标都包含了 2 个以上的目标且目标种类不同，包括简单房屋、船只以及汽车(停车场)，如图 9-9 所示。对图 9-9 所示的原始多目标进行多种尺度的缩放和多角度的旋转变换，构建目标影像库，图 9-10 为一次检索结果(以二值化结果表示)。其中，查询影像为图 9-9 中第一幅城市遥感影像逆时针旋转 90°的结果。从返回的前 10 幅结果影像来看，原始影像及其 5 块变换结果均被顺利检索出来。

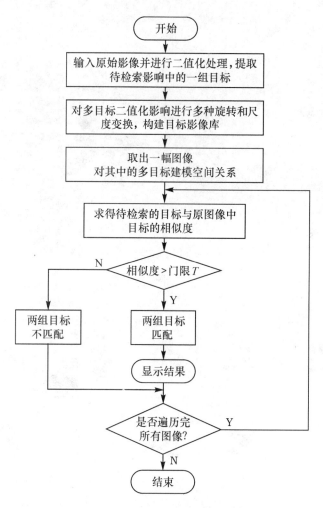

图 9-8 基于多目标空间方位关系的遥感影像检索算法流程图

图 9-9　某城市原始遥感影像

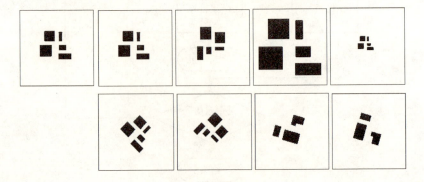

图 9-10　检索结果

第10章
城市遥感影像融合

影像融合技术充分利用多源影像的互补信息,能够大大改善影像的质量。通过综合来自多传感器或者单一传感器在不同时间的影像,获得比原影像清晰度更高的影像,达到图像增强的目的。通过多年的发展,影像融合技术在城市建设中表现出了巨大的应用潜力。

影像融合方法可分像素级、特征级和决策级。像素级融合对原始影像及预处理各阶段所产生的信息分别进行融合处理,以增加影像中有用信息成分,改善影像处理效果。特征级融合能以更高的置信度来提取有用的影像特征。决策级融合允许来自多源数据在最高抽象层次上被有效地利用。

城市遥感影像融合常采用像素级影像融合方法。本章介绍城市遥感影像融合的相关方法,所用到的城市遥感影像是 QuickBird 影像,全色影像(Pan)的分辨率为 0.6 m,多光谱影像(Mul)的空间分辨率为 2.4 m,图像大小为 512 像素×512 像素,在进行融合之前,对全色影像和多光谱影像进行了严格的空间配准(见图 10-1)。

(a) 全色影像　　　　　　　　　　　(b) 多光谱影像

图 10-1　用于融合的城市全色影像和多光谱影像

10.1　城市遥感影像融合的常规方法

10.1.1　加权融合方法

加权融合方法是基于像元,对全色和多光谱影像的波段进行灰度值的加权计算。最简单的加权融合按式(10-1)进行。

$$\mathrm{Mul}'_i = a \cdot \mathrm{Pan} + (1 - a) \times \mathrm{Mul}_i \qquad (10\text{-}1)$$

权重系数 a 可以人为设定,也可以按照某种规则进行计算,比如方差、相关系数等。该方法对图 10-1 的影像进行融合后的效果如下页图 10-2 所示。

10.1.2　Brovey 变换方法

Brovey 变换也称为色彩标准化(color normalized)变换,由美国科学家 R. L. Brovey 建立模型并推广而得名。它的目的是将多光谱影像的各波段标准化,然后将全色影像的亮度信息加到多光谱影像中。其特点是简化了图像转换过程中的系数,最大限度地保留多光谱数据的信息,可以提高融合图像的视觉效果。Brovey 变换按下式进行:

图 10-2 加权融合结果，$a = 0.3$

$$\begin{cases} R' = \dfrac{\text{Pan}}{I} \cdot R \\ G' = \dfrac{\text{Pan}}{I} \cdot G \\ B' = \dfrac{\text{Pan}}{I} \cdot B \end{cases} \quad \text{其中} I = (R + G + B)/3 \qquad (10\text{-}2)$$

Brovey 变换方法对图 10-1 的影像进行融合后的效果如图 10-3 所示。

图 10-3 Brovey 融合结果

10.1.3　IHS 变换方法

IHS 变换是一种成熟的空间变换算法,用在视觉上以定量描述色彩。为实现 RGB 到 IHS 的变换,要建立 RGB 空间和 IHS 空间的关系模型。常见的转换主要有球体变换、圆柱体变换、三角形变换和单六角锥变换,等等。这些变换的主要区别在于坐标系的选择和计算量上。球体变换和三角变换是比较理想的变换方式,而球体变换的计算量远大于其他变换方式,因此三角变换成为最理想的方式。

IHS 变换在影像融合领域中的应用主要包括以下四个步骤:

(1)将低分辨率的多光谱原始影像与高空间分辨率的全色影像进行严格的空间配准,并将多光谱影像重采样至全色影像相同的分辨率。

(2)将原始多光谱影像变换到 IHS 空间,得到亮度 I、色调 H 和饱和度 S 三个分量。

(3)将全色影像对照亮度分量 I 进行直方图匹配,并用匹配后的全色影像替换亮度分量,得到新的亮度分量 I'。

(4)将新的亮度分量 I' 连同原来的色调 H、饱和度 S 进行 IHS 反变换,得到融合影像。该方法对图 10-1 的影像进行融合后的效果如图 10-4 所示。

图 10-4　IHS 变换融合结果

10.1.4 PCA 变换方法

主成分(PCA)变换是设法将原来众多具有一定相关性的指标,重新组合成一组新的互相无关的综合指标来代替原来的指标。在遥感影像融合领域,PCA 变换与 IHS 变换类似,同样包括以下四个步骤:

(1)将低分辨率的多光谱原始影像与高空间分辨率的全色影像进行严格的空间配准,并将多光谱影像重采样至全色影像相同的分辨率。

(2)将原始多光谱影像进行 PCA 变换,得到一些列的主分量。

(3)将全色影像对照第一主分量进行直方图匹配,并用匹配后的全色影像替换第一主分量,得到新的第一主分量。

(4)将新的第一主分量连同原来其他主分量进行 PCA 反变换,得到融合影像。

该方法对图 10-1 的影像进行融合后的效果如图 10-5 所示。

图 10-5　PCA 变换融合结果

10.2　基于多尺度几何分析方法的城市遥感影像融合

图像的多尺度几何分析是最近几年新出现的研究领域,理论和算法还处在发展当中,但已经在城市遥感影像融合领域取得了很好的成果。下面以小波变换和 Curvelet 变换为例阐述多尺度几何分析方法在城市遥感影像融合领域中的应用。

10.2.1　小波变换方法

小波变换是为了克服傅立叶变换不能将时域和频域结合起来描述信号的时频联合特征而提出的,是一种窗口大小固定但其形状可改变、且时间窗和频率窗都可改变的时频局部化方法,即在低频部分具有较高的频率分辨率和较低的时间分辨率,在高频部分则具有较高的时间分辨率和较低的频率分辨率,所以被誉为数学显微镜。正是这种特性,使小波变换具有对信号的自适应性,在信号分析、语音合成、图像识别、计算机视觉、数据压缩、影像融合等方面的研究都取得了有科学意义和应用价值的成果。

小波变换中应用最为广泛的是 Mallat 算法,它是一种正交二进制小波变换,如图 10-6 所示,图像经过一次 Mallat 分解,能得到如下的四个频带的信号。

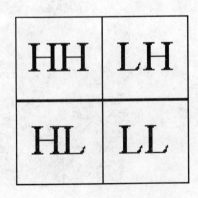

图 10-6　正交二进制小波变换

其中,LL 频带集中了原始影像的低频信息,LH 和 HL 频带分别表示了原始影像在垂直和水平方向的高频边缘信息,HH 频带反映了原始影像中对角方向的高频边缘信息。通过对不同频带的信息进行处理,能够达到不同的影像处理目的。

小波变换在城市遥感影像融合中的应用包括以下几个步骤:

(1)将低分辨率的多光谱原始影像与高空间分辨率的全色影像进行严格的空间配准,并将多光谱影像重采样至全色影像相同的分辨率。

(2)将全色影像进行 Mallat 分解,得到 HH、LH、HL 和 LL 频带的影像。

(3)将多光谱影像各波段进行同样的 Mallat 分解,分别得到各波段的 HH、LH、HL 和 LL 频带影像。

(4)按照一定的规则,将全色影像各频带图像与多光谱各波段各频带影像进行融合计算,比如直接将多光谱各波段的 HH 频带用全色影像的 HH 频带进行替换等。

(5)将经过融合计算后的频带影像进行 Mallat 反变换,得到融合结果影像。

该方法对图 10-1 的影像进行融合后的效果如图 10-7 所示。

图 10-7 基于小波变换的城市遥感影像融合结果

需要强调的是,每一次 Mallat 分解都需要对影像进行采样率为 2 的向下采样,还有不进行采样的小波变换算法,即不包含采样率变化的冗余小波变换,其实现算法是 atrous 算法。该算法在城市遥感影像融合的应用与 Mallat 类似,不再赘述。

10.2.2 Curvelet 变换方法

尽管基于小波变换的城市遥感影像融合方法能有效地解决传统融合算法中的光谱失真问题,但它同样存在局限性,其主要表现在信号表达的零维奇异性和各向同性特性。针对小波多尺度分析的弱点,1999 年 Candès 和 Donoho 提出了 Curvelet 变换理论,Curvelet 变换作为一种新的图像多尺度几何分析工具,除了具有一般小波变换的多尺度、时频局部特性外,还具有方向特性,在给定相同的重构精度下能够接近最优地表示图像边缘和平滑区域。目前国内外学者的研究成果表明,Curvelet 变换理论能很好地用于图像去噪、特征提取、图像恢复、图像融合等。

Curvelet 变换自提出至今短短几年时间,其理论研究和应用算法都取得了很大的成功,先后发展两代 Curvelet 变换。第 1 代 Curvelet 变换的构造思想是通过足够小的分块将曲线近似到每个分块中的直线,然后利用局部 Ridgelet 分析其特性。相比于第 1 代 Curvelet 变换,第 2 代 Curvelet 变换将变量的个数由 7 个减少到 3 个,结构更简单,同时大大减少了数据冗余,更容易理解和实现。图像经过一次 Curvelet 变换后,能够得到如图 10-8 所示的子带图像。

其中阴影部分表示某尺度、某方向上 Curvelet 函数支撑区间。子带图像可以按频率分为若干层,最内层也就是第一层称为低频 Coarse 尺度层,最外层称为高频 Fine 尺度层,中间层称为中高频 Detail 尺度层。通过对不同层的频率子带图像进行处理,即可达到不同的处理目的。

与小波变换类似,Curvelet 变换在城市遥感影像融合中的应用包括以下几个步骤:

(1)将低分辨率的多光谱原始影像与高空间分辨率的全色影像进行严格的空间配准,并将多光谱影像重采样至全色影像相同的分

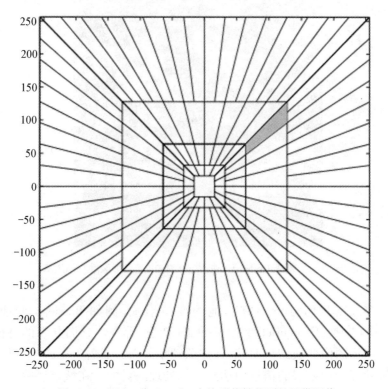

图 10-8 经过一次 Curvelet 变换后能够得到的子带图像

辨率。

(2)将全色影像进行 Curvelet 分解,得到若干层的频带子带图像。

(3)将多光谱影像各波段进行同样的 Curvelet 分解,分别得到各波段的频率子带图像。

(4)按照一定的规则,将全色影像各频带图像与多光谱各波段各频带图像进行融合计算,比如直接将多光谱各波段的 Details 尺度层和 Fine 尺度层用全色影像对应的尺度层进行替换等。

(5)将经过融合计算后的频带图像进行 Curvelet 反变换,得到融合结果影像。

该方法对图 10-1 的影像进行融合后的效果如图 10-9 所示。

图 10-9　基于 Curvelet 变换方法的城市遥感影像融合结果

多尺度几何分析还有其他的变换形式,例如 Bandelet 变换、Ridgelet 变换、Contourlet 变换、Beamlet 变换,等等。它们共有的特征是可以将图像变换到频率域,并按照频率分布分成若干子带或者层,通过处理子带或层的信息而达到图像处理的目的。在城市遥感影像融合领域,可以根据不同的子带或层的融合规则产生许多融合算法,融合效果视融合规则而定。

10.3　基于空间—光谱投影算法的城市遥感影像融合

空间—光谱投影算法包括空间投影算法和光谱投影算法,两者具有类似的原理。空间投影算法的核心思想是:从原始全色影像和原始多光谱影像中提取空间细节信息,并按照一定的规则投影到多光谱影像中;而光谱投影算法的核心思想是:从原始全色影像和原始多光谱影像中提取光谱信息,并按照一定的规则投影到全色影像中。因此,提取空间细节信息和光谱信息是空间—光谱投影算法的关键。

众所周知,人在不同的距离下,观测同一图像获得的感受是不一样的。如远距离看到的是图像轮廓,近距离下看到的是更多细节,这就是尺度效应。尺度空间技术是从原始图像出发导出一系列越来越平滑、越来越简化的图像,随着尺度的增加,输出的图像越来越模糊,细节信息越来越不明显,越多的细节被丢弃,这些细节对人眼视觉起关键作用,利用它可以有效地进行目标识别、特征提取等。尺度空间的这个特性,可以用来提取空间细节信息和光谱信息。

高斯函数作为卷积核生成的尺度空间是目前最完善的尺度空间之一,它是一种模拟人眼视觉机理的理想数学模型。在一系列基于人眼视觉机理提出的合理假设条件下,高斯核函数是尺度空间唯一的线性变换核。空间—光谱投影算法是在高斯尺度空间中进行的。

与其他融合算法一样,在应用空间—光谱投影算法之前,全色影像和多光谱影像需要进行严格的空间配准,并将多光谱影像重采样至全色影像相同的分辨率。同时按式(10-3)计算多光谱影像的亮度影像 Ave:

$$\text{Ave} = (R + G + B)/3 \quad (10\text{-}3)$$

10.3.1 空间投影融合算法

空间投影算法的基本表达式如下:

$$\begin{cases} R' = (2-c) \cdot R + c \cdot \text{SD} \\ G' = (2-c) \cdot G + c \cdot \text{SD} \\ B' = (2-c) \cdot B + c \cdot \text{SD} \end{cases} \quad (10\text{-}4)$$

其中:SD 为空间细节(spatial details);c 为权重因子,根据实际需要,可以调整该因子的值,用以在空间分辨率和光谱分辨率之间达到平衡。

假设高斯尺度空间有 s 层,尺度因子从 σ 变化到 2σ,层与层之间的尺度因子倍增关系为 $k = 2^{1/s}$,则对于某一个尺度因子 $\sigma_p = k\sigma$,第 p 层影像可以描述为:

$$I_p = G(x, y; \sigma_p) \cdot I_{p-1} \quad (10\text{-}5)$$

由此可以定义此层影像的空间细节特征为:

$$h_p = I_{p-1} - I_p \quad (10\text{-}6)$$

若高斯尺度空间有 s 层,则全色影像的空间细节特征定义为:

$$h_{\text{Pan}} = \sum_{i=1}^{s} h_i = \sum_{i=1}^{s} (I_{i-1} - I_i) \quad (10\text{-}7)$$

同理,此亮度影像的空间细节特征定义为:

$$h_{Ave} = \sum_{i=1}^{s} h'_i = \sum_{i=1}^{s} (I'_{i-1} - I'_i) \qquad (10\text{-}8)$$

因此,SD 按下式计算:

$$SD = h_{Pan} - h_{Ave} \qquad (10\text{-}9)$$

以上是常规的空间投影算法。由于高斯尺度空间中每一层的影像都是由高斯卷积核与上一层影像卷积而成,根据高斯函数的性质,可以用一个新的高斯核函数代替这个连续卷积过程,新的高斯核函数的方差的平方是所有连续卷积核函数方差的平方和。于是可以得到下面的快速空间投影算法:

$$SD = Pan - G(x,y;\sigma') * Pan - (Ave - G(x,y;\sigma') * Ave) \qquad (10\text{-}10)$$

空间投影和快速空间投影算法对图 10-1 的影像进行融合后的效果如图 10-10 所示。

(a) 空间投影算法　　　　　　(b) 快速空间投影算法

图 10-10　基于空间投影融合算法的结果

10.3.2　光谱投影融合算法

光谱投影算法的基本表达式如下:

$$\begin{cases} R' = (2-c)\cdot \text{Pan} + c\cdot \text{SI} \\ G' = (2-c)\cdot \text{Pan} + c\cdot \text{SI} \\ B' = (2-c)\cdot \text{Pan} + c\cdot \text{SI} \end{cases} \quad \begin{array}{l}(\text{其中 SI 为光谱信息}\\ (\text{spectral information}))\end{array} \quad (10\text{-}11)$$

上述两式中的 c 为权重因子,根据实际需要,可以调整该因子的值,用以在空间分辨率和光谱分辨率之间达到平衡。

由于高斯函数具有低通的性质,将高斯函数与影像进行卷积,能够获得影像的低频信息,也就是影像的光谱信息。因此,在高斯尺度空间中,影像的光谱信息表示为各层影像的平均值,即

$$\begin{cases} H_{\text{Pan}} = \left(\sum_{p=1}^{s} I_{p\_\text{Pan}}\right)\Big/s \\ H_{\text{Mul}\_i} = \left(\sum_{p=1}^{s} I_{p\_\text{Mul}\_i}\right)\Big/s \end{cases} \quad (10\text{-}12)$$

其中 $_{\text{Mul}\_i}$ 表示多光谱影像的第 i 个波段。于是 SI 按下式计算:

$$\text{SI}_i = H_{\text{Mul}\_i} - H_{\text{Pan}} \quad (10\text{-}13)$$

同空间光谱投影类似,在计算光谱信息时需要进行连续卷积,此连续卷积过程可以用一个新的高斯核函数来描述,因此,可以得到下面的快速光谱投影算法:

$$\text{SI}_i = G(x,y;\sigma') * \text{Mul}_i - G(x,y;\sigma') * \text{Pan} \quad (10\text{-}14)$$

光谱投影和快速光谱投影算法对图 10-1 的影像进行融合后的效果如图 10-11 所示。

(a) 光谱投影算法

(b) 快速光谱投影算法

图 10-11 基于光谱投影融合算法的结果

10.4 城市遥感影像融合方法的质量评价

可以从两个方面来评价各种影像融合方法的质量。一方面是定性评价,即依靠人眼的视觉感受,对影像的色彩、对比度、细节信息等进行主观评定,将综合的主观印象作为评价融合后影像的质量标准。也可以将人对影像质量的主观感受分为若干个等级,然后选择一定数量的人员对影像质量进行主观评分,再按照一定的评分标准计算总的质量指标。

另一方面是从影像本身出发,计算某些指标作为影像质量的客观定量评价指标。常用的客观评价指标有下面几种:

(1)熵。反映了影像包含信息量的丰富程度。熵越大,表示融合影像从原始多光谱影像和全色影像得到的信息量越大。根据申农公式计算:

$$S = -\sum p_i \lg p_i \tag{10-15}$$

(2)光谱偏差指数。反映了融合结果对多光谱影像的光谱保持度,由下面的公式来计算:

$$d = \frac{1}{N}\sum_i \sum_j \frac{|I_{i,j} - \hat{I}_{i,j}|}{I_{i,j}} \tag{10-16}$$

其中:$I_{i,j}$和$\hat{I}_{i,j}$分别表示融合前后多光谱影像的灰度值。

(3)均值偏差。反映了融合结果影像与原始多光谱影像在光谱特征上的相似性,均值偏差越小,表示融合后的影像对原始多光谱影像的光谱特征保持度越高。

(4)相关系数。用于评价原始影像与融合影像的相似度,由下面的公式计算:

$$C(A,B) = \frac{\sum_{i,j}(A_{i,j} - \overline{A})(B_{i,j} - \overline{B})}{\sqrt{(\sum_{i,j}(A_{i,j} - \overline{A})^2)(\sum_{i,j}(B_{i,j} - \overline{B})^2)}}$$

(10-17)

(5)通用图像质量评价指标 UIQI。从相关信息损失、辐射值扭

曲和对比度扭曲三个方面衡量融合前后影像的相似度,其值越大,表示融合质量越高。由下面的公式来计算:

$$\text{UIQI} = \frac{4\delta_{xy}\bar{x}\bar{y}}{(\delta_x^2 + \delta_y^2)[(\bar{x})^2 + (\bar{y})^2]} \quad (10\text{-}18)$$

式中:$\bar{x}$ 和 $\bar{y}$ 分别表示原始多光谱影像和融合结果影像的均值;δ_x 和 δ_y 分别表示原始多光谱影像和融合结果影像的方差;而 δ_{xy} 表示它们的协方差。

(6)ERGAS。一个从全局综合误差方面来评价光谱保持度的指标,由下面的公式来计算:

$$\text{ERGAS} = 100 \cdot \frac{h}{l} \cdot \sqrt{\frac{1}{N}\sum_{i=1}^{N}\frac{\text{RMSE}^2(B_i)}{\text{Mean}(B_i)^2}} \quad (10\text{-}19)$$

式中:h 和 l 分别表示全色和多光谱影像的空间分辨率;N 为原始多光谱影像的波段数;$\text{RMSE}(B_i)$ 和 $\text{Mean}(B_i)$ 分别表示第 i 波段的均方根误差和均值。

第 11 章
城市遥感专题图

专题地图是简明、突出而完善地显示一种或几种要素,是内容和用途专业化的地图。其特点是只将专题要素特别完整而详细地表示出来,其他地图要素概略表示或不予表示。

城市遥感专题图制作,是指在计算机制图环境下,充分利用城市遥感影像数据编制各类专题图。制作特定类型的城市遥感专题图,是城市遥感专题分析的前提和应用的基础。目前,城市普遍应用1:8000至1:10000比例尺彩色航片来制作城市大中比例尺影像地图、专题影像图,而利用1:20000比例尺以下的彩红外航片来制作城市中小比例尺地形图和进行遥感综合调查,利用彩色和彩红外航片的光谱特征来进行诸如植被生长状况调查、水体污染状况调查等多学科、多行业和多用途的遥感应用方面的制图工作。本章从分析遥感专题图的概念及其特点入手,重点探讨几种典型的城市遥感专题图的制作。

11.1 城市遥感专题图的概念及其特点

遥感专题图是指以遥感影像信息和一定的地图符号,直接反映制图对象的地理空间分布和环境状况的地图。城市遥感专题图是基于城市的遥感影像信息和地图符号,反映城市特定专题特征的地图。城市遥感专题图始于 1969 年美国利用"阿波罗 1 号"宇宙飞船拍摄的像片,所编的亚利桑纳州尼克斯地区影像地图。中国科学院地理研究所 1983 年编制了中国《陆地卫星假彩色影像图册》,1985 年编制了《京津唐地区卫星影像地图》。

城市遥感专题图具有以下特点:

(1)它是既具有城市立体效应的丰富影像信息又有一定精度的地图,具有影像和地图的双重特征。

(2)地面信息丰富,内容层次分明,大比例尺内容详尽。常采用与城市电子地图相同的比例尺来表示,如采用 1:500、1:1000、1:2000、1:5000、1:10000 的比例尺等。

(3)简化和革新了地图编制工艺,改善了制图条件,缩短了制图周期,是现代地理制图自动化的一个新途径。

(4)城市遥感专题图可以应用现势性强的遥感资料编图,缩短城市地图的更新周期,反映现势性。

(5)专题图内容因城市性质和职能而有所不同。如:北京、上海等交通枢纽大城市应强调道路交通要素的表示;桂林等风景旅游城市则突出旅游景点、绿化、环境等要素的表示;武汉、南京等沿江城市则强调长江及跨江桥梁对交通、航运和物流的作用;小城市的规划图除了反映城市内部要素,还要全面揭示周边区域对城市发展的影响。

城市遥感专题图按专题图内容不同,分为城市自然地图、城市社会经济图、城市环境质量图等;按地图的性质及其应用,分为城市正射影像图、城市规划专题图和普通影像专题图等;按源遥感影像的不同,分为城市航空遥感影像专题图和卫星遥感影像专题图等。本章以城市数字正射影像图和影像地图为例,详细介绍城市遥感专题图的制作方法。

11.2 城市数字正射影像图的制作

数字正射影像图(digital orthophoto map,DOM)是利用数字高程模型对航空像片/卫星遥感影像(单色/彩色),经逐像元进行纠正,再按影像镶嵌并根据图幅范围剪裁生成的影像数据。数字正射影像图一般带有公里格网、图廓内/外整饰和注记,给人一种身临其境的感觉,用它可以修正大量过时的城区地图,并获取大量城市建设信息,具有很大的实用价值。

11.2.1 城市正射影像图制作难点及注意事项

数字正射影像始于20世纪70年代末。在美国,数字正射影像被当做国家空间数据基础设施(NSDI)和国家地图的重要组成部分。美国地质调查局(USGS)自1991年开始将生产数字正射影像作为国家项目NDOP实施。到2001年,USGS提出了国家地图计划,该计划包括生产城市大比例尺的数字正射影像图。

数字正射影像是通过数字微分纠正的方法获得的。其原理是利用影像内外方位元素与数字地面模型,按构像方程或类似的数学模型对影像的每个像元做正射纠正,同时消除相机倾斜和投影变形,生成正射影像,然后对多个正射影像做几何拼接和色彩平衡处理,按照一定分幅标准裁切出来,这样形成的影像即为正射影像图。

在处理城市大比例尺正射影像时问题变得相当复杂:在高分辨率影像上,城市的独立三维目标,如建筑物、桥梁和树木,遮蔽和阴影严重。如果仅仅对地形正射校正,各种城市目标的中心投影变形依旧存在,特别是远离投影中心底点的高层建筑物,其变形将相当严重。其结果是正射影像失去其几何精确性。

城市正射影像图制作注意事项如下。

1. 遮蔽检测与修复

在进行城市大比例尺正射纠正时,由于存在大量垂直结构,需要对DSM进行可见性分析,标记遮蔽地区,对这些地区赋予特定灰度,如果存在邻近影像未被遮蔽,则可借助邻近影像,从重叠影像中寻找可见区域补丁,取得遮蔽区域实际灰度,进行替代。

2. 阴影检测与修复

阴影具有较均一的灰度信息,便于检测,可被用于恢复地面目标的几何参数,如宽度、高度和形状等。生产城市大比例尺正射影像要求检测并恢复阴影信息。一般的方法是以不包括建筑物的阴影邻域的灰度直方图为参考,利用直方图匹配方法调整阴影的辐射性质,使其与周围环境相匹配。

3. 补丁镶嵌

在修复遮蔽和阴影后,还需要考虑无缝镶嵌的问题。修复的区域与正射影像整体色调、亮度和饱和度不均衡,如同影像打了很多"补丁"。此时需要考虑补丁与影像的无缝镶嵌问题:既要保证补丁与影像在空间位置上的完美拼接,还要保证补丁与影像全局在色彩方面的和谐,保证在补丁和影像拼接线附近色彩过渡自然。

一般基于补丁和邻域局部影像信息来获得相邻二者之间的灰度映射关系,如基于一阶直方图的匹配方法、基于信息熵的匹配方法、基于均值方差法等对影像色调进行匹配。

11.2.2　基于航空影像的正射影像图制作

航空像片富含大量信息,但并不能直接几何解译或进入 GIS 的空间数据库,因其受投影影响存在变形。为了消除这种几何紊乱,需将其从中心投影转换到与 GIS 兼容的正射投影,即对航片进行正射纠正。正射纠正的核心算法,是基于摄影测量学的共线方程,实现坐标从中心投影空间到正射投影空间变换。正射影像兼有丰富的影像信息和地图的几何性质,可作为底图附着矢量信息、属性信息描述特征细节,为其他数据提供精确的地理标准,便于数据解译和融合。早期的正射影像生产目的在于消除地形偏移和相机倾斜,就操作上讲,是相对简单的过程。制作正射影像流程如图 11-1 所示。

针对图 11-2 所示的 DMC 原始影像,经过图 11-1 的处理流程后,得到如图 11-3 所示的正射影像(图 11-1 至图 11-3 见下页)。

11.2.3　基于卫星影像的正射影像图制作

目前卫片的正射纠正多采用 RPC 模型进行解算,大多数卫星影像在分发数据的时候提供了 RPC 参数,可以直接用于正射纠正,IKONOS、QuickBird、P5 等都采用这种方式;另外一种是以 SPOT 为代表的影像数据,在分发数据的时候提供其轨道参数,对这类数据的处

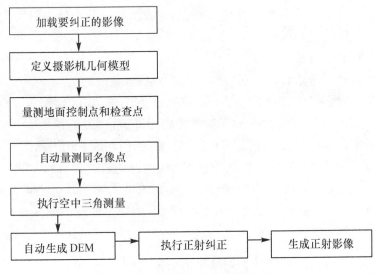

图 11-1　制作正射影像流程图

图 11-2　DMC 原始影像

第11章 城市遥感专题图　167

图 11-3　DMC 正射影像

理首先需要利用轨道参数建立其成像时的严格几何模型,通过严格几何模型解算出 RPC 参数,然后再利用 RPC 模型进行纠正。图 11-4 为基于卫星影像的正射影像图制作流程图。

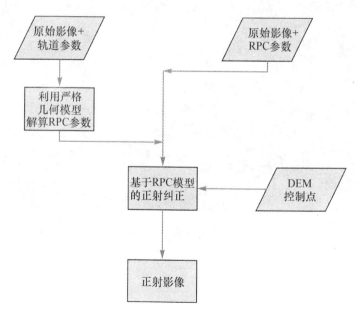

图 11-4　基于卫星影像的正射影像图制作流程图

不管是数据本身提供的 RPC 参数还是自己解算出的 RPC 参数，由于轨道参数存在误差，造成 RPC 参数也必然存在误差。通过试验以及文献里的论证，这个误差呈现系统性，可以在正射纠正的阶段通过引入地面控制点进行修正，其结果是满足精度要求的。针对图 11-5 所示的卫星原始影像，经过图 11-4 的正射处理流程后，得到如图 11-6 所示的正射影像。

图 11-5　卫星原始影像

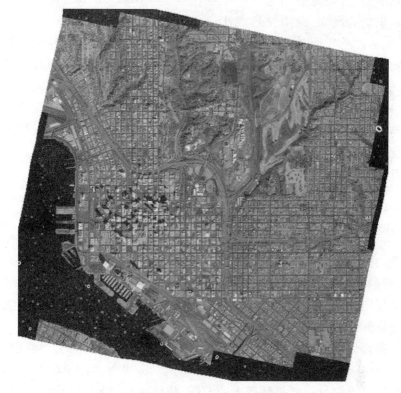

图 11-6　正射影像产品成果

11.3　城市影像地图的制作

城市影像地图(photographic map)是一种带有城市地面遥感影像的地图,是以航空和航天遥感影像为基础,经过几何纠正、投影变换和比例尺归化,运用一定的地图符号,配合线画和少量注记,将城市综合表示在图面上的地图。城市影像地图能直观反映城市各方面的地理特征及空间分布。

城市影像地图依影像获取方法分为航空影像地图和卫星影像地图两种。其特点在于以地表影像直接显示自然地理要素和某些易于识别的地物,如地势、地貌、水系、居民点、道路网等;影像无法显示或不易识别的地物,则用符号或注记表示,如等高线、高程点、特征地物、地名以及各种属性注记等。具有形象、直观、富立体感、易读以及地物平面精度较高、相对关系明确、细部反映真实、成图周期短等优点。由于地表自然地理特征千差万别,影像地图在制作技术、表现形式、规范化、标准化方面尚在探索和试验中,主要应用于各种资源调查与专题制图。随着计算机辅助制图的发展以及航天摄影测量的实用化,影像地图作为一种"影像地图化"的方向和产品,势必得到迅速发展和广泛利用。

11.3.1 影像地图的概念

影像地图是一种用数字处理的方法获得的具有数字介质的影像地图,它的图面内容要素主要由影像构成,并满足地图的几何精度要求,有数学基础,有图廓整饰和线画要素。影像地图综合了影像和线画地形图两者的优点,既包含影像的丰富内容信息,又能保证地形图的整饰和几何精度。

影像地图的发展与航空航天摄影测量以及遥感技术的发展息息相关。由于3S(GPS、RS、GIS)等技术的渗入,使得影像地图在遥感与数字摄影测量领域得到很大的发展,并且有多种多样的形式,由平面走向立体,由立体走向可视动画(漫游)配以多媒体,前景广阔。数字图像处理、小波、分形、数学形态学等技术的发展,使影像地图得到日益广泛的应用。

11.3.2 影像地图的分类

现在各国生产和试制的影像地图,其类型据国内外文献可归纳如下。

1. 黑白快速影像地图

除影像经过正型纠正外,用线画表示的部分比较简略,有坐标网和图廓,选用少量地名注记。一般为黑白影像,单色复制。制作这种影像地图的目的是为了满足用图的急需。

2. 彩色快速影像地图

利用中心投影像片或分带纠正像片制作,因此精度较低,用接近实际的色彩印制。线画负载量不少于正规影像地图,有时还补充以军事意义的方位物符号。这种影像图通常是为军事目的制作的。

3. 彩色正规影像地图

黑白影像除等高线用棕色、水域用蓝色外,道路符号也用彩色表示。影像配合要经过选择的线画符号。这种影像地图的平面位置和高程精度都相当于普通的地形图。

4. 综合影像地图

自然景观要素用航空影像表示,其他面积要素(如:交通,居民地等)用普通地图要素或符号表示。

5. 互补色影像地图

有时有注记和等高线,可借助红绿眼镜观察立体。这种图用于城市建设规划设计,制作浏览图或教学图。

6. 立体影像地图

用黑白像片或彩色像片制成,有少量线画符号,有图廓和公里网。可用专门的立体镜进行观察和量测。

此外,还有全息影像地图、数字影像地图、雷达影像地图和卫星影像地图。这些都是近几年发展较快的影像地图种类。

11.3.3 影像地图的特征

影像地图制作技术,如遗留至今的《黄山旅游图》、《庐山旅游图》等,均是以手工素描刻画影像地图,其实仅可称做"画像地图"。20世纪30～80年代崛起的航空摄影测量技术,由航空摄影光学几何影像胶片,通过航片角度斜正仪、航片正射投影仪,对纠正后的航空像片进行镶嵌成平面图,加注文字注记、地理经纬网,即构成手工制作影像地图。现代影像地图已由光学几何图像转向物理信息图像(卫星遥感、雷达扫描),现已发展到具有全数字化多数据源特点,影像地图的特征决定着它的使用价值。影像地图主要有以下典型特征:

1. 影像图 + 线画图的双重属性

该特征是影像地图的首要特征,它具有比线画图更多的信息量。由于具有这样丰富的信息,所以影像地图不仅可以代替或补充地形图,而且在某种程度上可以当做专门地图使用,特别是彩色影像,地图更具有专业判读的价值。

2. 描述空间变化

由二维影像(X、Y、D)——→三维影像(X、Y、H、D)——→四维影像(X、Y、H、T、D),其中 X、Y 为平面坐标,H 为高程面,D 为影像色彩纹理,T 为时间坐标。二维可展示影像平面分布;三维影像可以描述城市立体景观,模拟城市虚拟地理环境;四维影像更能体现城市地理环境在时空上的延时变化,即"时态变化"。

3. 色彩变换丰富

色彩是影像地图给人的第一直观感受。影像地图制作应用色彩变换理论、遥感图像复合技术,可制作模拟灰度景观图(DTM,透视图经过隐藏线、面的消隐处理之后,再用明暗公式计算和显示可见面亮度,颜色模拟表示,颇具真实感)、真实景观图等。另外,利用影像中纹理特点,提取有用信息并以色彩加以表示,使得人们可由原始影像中提取更为丰富的有用信息,如可以通过判读提取某波段假彩色进行林业监测防护、农牧业估产、精细农业指导、土地利用规划、矿产资源预测等;红外光谱影像可以推测地面温差变化,进而指导军事决策、地质灾害预测、温泉资源的检测等。

4. 影像地图产品延伸

传统影像地图以二维(X、Y、D)平面投影来表征。现已发展为三维(X、Y、H、n)、四维(X、Y、H、T、D)空间投影,其处理技术已实现。其延伸产品有:立体影像地图、电子沙盘、城市立体景观图、公(铁)路规划立体景观图、空中漫游图(动画效应)、电子旅游图等。这些产品借助计算机与图像处理技术,以计算机网络作为主要操作展示平台,在城市规划、城市管理、资源勘查等方面均有广泛用途。影像地图的数字化产品的另一个优势是,它的无级缩放功能突破了纸质影像地图固定比例尺的限制,使读者可以从宏观到微观、从全局到局部随意浏览。影像地图立体化、动态化模拟显示,使读者如同身临其境,高空俯视,景观漫游。

5. 成图周期短,出图快,能满足用图急需

特别是较为平坦的城区,制作影像地图更能显示出优越性。城市中的沼泽地、湿地、园林等,特别适合制作影像地图。普遍认为这类地区最适宜用影像地图代替线画地图。其原因有三:第一,这类地

区通常起伏不大,像片纠正问题容易解决,即使不采用正射投影仪器,平面位置精度也能得到保证;第二,这类地区进行野外工作十分艰难,若编制大比例尺影像地图,则大量工作可在内业条件下进行,能大量减少野外工作;第三,待开发地区成图,通常是制定规划、进行开发或保护,急需用图。如测制普通地形图,周期太长,不能适应。在这种情况下,只有制作影像地图,才能满足用图的急需。影像地图除了信息丰富、具有专门地图性质和成图快这些特征外,还具有其他一些特征,如为制图自动化创造了前提条件等。

11.3.4 影像地图的制作方法

影像地图的制作一般包括以下步骤:

1. 资料情况

做好数据准备工作。

2. 无缝拼接

将影像拼接成一幅影像,由人工选择切割线,避开建筑物或道路等人工地物,而且采用高效快速的相关算法寻找同名点,进行接边处的几何校正,因此镶嵌后图像在接边处不会产生影像模糊现象,使得接边处色调一致,无接缝痕迹,因而特别适合城市影像的镶嵌。

3. 图形矢量化

在这幅影像图的制作中分层对居民地、水系、道路等外围轮廓进行精细跟踪,同时对其按制图的综合要求进行综合取舍。

4. 编制栅格数据

主要完成的工作是:影像色调、色相、饱和度的调整,色调均化,边缘增强、锐化等处理;增删影像上的地物,对其现势性的修改。将经矢量化的面状地物轮廓线导入,作为选取道路区、居民区、非居民区等地物要素的依据,然后对选区进行设色。对影像所选取区域的不同设色要求进行色相、饱和度的反复调整,直到符合要求为止。

5. 整饰

地图版面、符号、色彩与图形设计;添加图廓、比例尺、单位、图名等要素,添加文字注记及图外整饰;最后,打印输出或出版。

图 11-7 为按标准分幅制作的影像地图。图 11-9 为叠加了图 11-8 所示的矢量地图的影像地图。

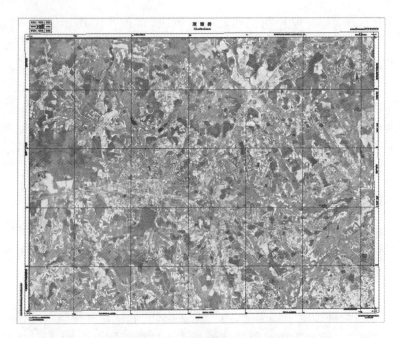

图 11-7 按标准分幅制作的影像地图

图 11-8 矢量地图

第11章 城市遥感专题图 175

图 11-9 叠加了矢量地图的影像地图

第12章
城市数字园林遥感应用

遥感技术在城市数字园林建设中可以起到重要的辅助作用,能快速准确地获取城市绿地的分布和绿化覆盖度信息,为城市园林管理部门提供最有现势性的城市绿地景观的组成、种类和布局。利用不同时相的高分辨率遥感影像,结合外业调查,可对城市的园林绿地建设和变化信息进行提取,建立园林数据库;同时还可以对城市的绿化用地、树木等进行保护和监管。本章介绍了采用遥感影像进行城市园林绿地信息提取的技术方法和流程,探讨如何借助遥感手段对城市园林地物进行分类,动态监管城市现有的绿地资源总量和分布情况,建立城市数字园林遥感应用系统,实现对城市园林的规划建设、信息采集、资源管理、动态监测和辅助决策支持。

12.1 城市数字园林遥感应用需求

城市数字园林遥感应用系统的建设需要考虑以下几个方面的内容。
1. 基于遥感影像的城市园林绿地规划

基于城市遥感影像,叠加城市规划信息,实现对城市绿地信息(包括乔木、游园广场、公园、生产绿地、防护绿地、居住绿地、单位附属绿地、道路绿地等信息）的规划建设。

2. 城市现有绿地资源总量和分布情况的遥感调查

建设数字园林系统的最大需求就是要把城市现有的绿地资源总量和分布情况查清楚，例如武汉市数字园林建设，通过调查，获得武汉市蕨类和种子植物有 106 科、607 属、1066 种，行道树有 200 多万棵。

3. 城市园林绿地变化信息提取

利用已纠正的卫星影像或航空影像和大比例尺地形图更新城市新增园林绿地信息，提取绿地和乔木等的图形或模型。

4. 基于城市影像的园林绿地可视化管理

基于遥感影像或实景影像，为园林管理部门提供可视化的管理界面，直观逼真地再现城市园林风光，管理更加人性化。

5. 对现存园林绿地的监管和保护

基于变化检测技术，动态检测出城市园林绿地的变化情况，对违法占用园林绿地情况实现快速检测，为执法部门进行园林监管和违法处罚提供技术支撑。

6. 城市园林生态环境和灾害监测的需求

目前这方面的需求还处于研究阶段，但随着建设能源节约型和环境友好型的两型城市建设目标的提出，未来遥感技术在城市园林建设方面还能提供如表 12-1 方面的需求，这些需求都有待定量遥感技术的支撑。

表 12-1　　　　城市园林需求与遥感目标特性关系分析

应用需求	具体内容	应用需求的参量	遥感可获取的参量
园林资源清查	类型和数量及其分布；植被生物量估测	植被类型 植被分布 郁闭度 蓄积量 生物量 ……	归一化差值植被指数 NDVI 归一化差值植被指数 ND 比值植被指数 RVI 环境植被指数 EVI 土壤调节植被指数 SAVI 植被指数 叶面积指数

续表

应用需求	具体内容	应用需求的参量	遥感可获取的参量
城市生态灾害调查和监测	病虫害监测	植被种类 害虫类型 受灾面积 受灾程度 ……	微波后向散射系数 光谱反射率 表面温度 地表温度 地表湿度 植被指数 光谱反射率
城市生态环境监测	公园景观结构特征、生态环境特征调查和评估	土地覆盖类型 植被类型 植被覆盖面积 ……	地表温度 地表湿度 植被指数 光谱反射率 雷达后向散射系数

图 12-1 是电子地图和遥感影像在数字园林中的应用对比,可以看出,基于遥感影像的数字园林应用更加直观,具有技术上的可行性和应用上的现实需求。图 12-2 为可用于城市数字园林建设的高分辨率遥感影像示例。

图 12-1　电子地图和遥感影像在数字园林中的应用对比

图12-2 可用于城市数字园林建设的高分辨率遥感影像

12.2 城市数字园林遥感数据获取

12.2.1 园林数据库设计

在园林环境监测与预测、重点景区监控、园林区建筑物三维重建等方面应用遥感技术获取数据是最直接和最有效的手段,尤其是当前,随着遥感分辨率的不断提高和数据费用的不断降低,遥感影像越来越成为数字园林的重要数据来源。要建立一个城市数字园林遥感应用系统,园林景观空间数据库的建设是基础,它涉及可用于城市园林管理的海量遥感数据的存储与快速处理、空间数据的一致性问题和数据仓库技术等。

利用高分辨率卫星影像或航空影像和城市大比例尺地形图制作城市所有类型(道路、生产、防护、居住、公园、游园广场、单位附属和风景林)的绿地和乔木的图形,同时调查相关绿地和乔木的属性信息,并录入到对应图形的属性表中为园林管理部门提供服务,是遥感技术应用于城市园林建设的主要内容。城市园林绿地和树木很多,首先需要进行分类,如公共绿地的分类如表 12-2 所示。

表 12-2　　　　　　　　　城市公共绿地分类

类　别	绿地种类	描　述
公共绿地	公园	综合性公园、纪念性公园、儿童公园、动物园、植物园、古典园林、风景名胜公园和居住区小公园等用地
	游园广场	供游乐休闲的广场绿地
	道路绿地	沿道路、河湖、海岸和城墙等,设有一定游憩设施或起装饰性作用的绿化用地
	单位绿地	单位范围内的绿化用地
	居住区绿地	居住小区及小区级以下的小游园等用地
	风景林地	风景区的成片的林地

利用遥感等多种技术手段,城市各级园林管理部门可以获取大量园林绿地数据并能生成各级统计报表,进而清楚地掌握城市绿地的范围和位置、绿地类型、绿地属性、主要植物及其生长情况。若能有效地组织这类信息进行分析、整理,将能为城市园林的环境设计、绿地系统规划、城市可持续发展提供必要的决策支持。同时开发城市园林生态遥感监测软件,能够对园林景观中的植物生长进行监测分析,及时分析病虫害及潜在污染,以避免病虫害的发生和蔓延,实现对城市园林的动态有效管理。

12.2.2　城市园林数据采集

国内外园林数据采集方式是一致的,通常分为点状(如古树名木)、线状(如行道树)和面状(如成片树木),基于数字摄影测量工作站进行采集,对点状独立树和行树,要求逐棵进行量测;对于成片的面状树林,则采集外围线,然后根据类型基于模型库生成。

园林数据的获取与建筑、市政数据获取相似,首先依据已有的地形图及数据库进行现状调查,然后进行现状信息采集,对周边环境、历史文物、名胜古迹的现状信息进行采集,最后对已有的地形图及数据库进行校核和充实,建立图样库。

具体实施步骤包括地形图矢量化、绿地类型勾绘、外业像控、内外业调查实验、内业加密、内业采集、外业调查、内业编辑、属性输入、数据处理、提交和入库等。

由于城市数字园林涉及面比较广,城市数字园林遥感应用作业流程通常包括六个步骤:资料准备、内业采集、内业编辑、外业调查、监理检查、数据处理和提交,流程图如图12-3所示。

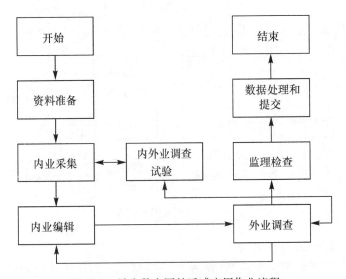

图12-3　城市数字园林遥感应用作业流程

1. 资料准备

资料准备主要指为完成整个数字园林遥感应用系统准备原始数据或软件,包括卫星影像、航空影像、地形图、监理软件、绿地类型勾绘草图、格式转换软件、外业像控数据、空三加密数据、基础控制数据等。

2. 内业采集

内业采集通常借助数字摄影测量工作站来完成,根据分类要求在数字影像立体模型上采集需要的园林绿地要素和信息,分类情况如图12-4所示,图12-5为内业采集流程。

(a)面状(如成片树林)　　(b)线状(如行道树)　　(c)点状(如古树名木)

图 12-4　园林绿地数据采集类型

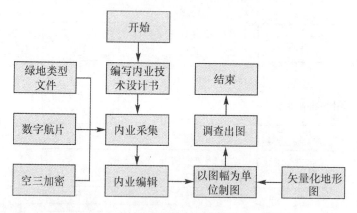

图 12-5　内业采集流程

3. 内外业调查实验

为保证数据采集质量,选择典型区域,开展内外业调查实验,该环节将内业采集和外业调查相结合,相互之间存在一定的重叠。具体实施步骤是:在进行完一个加密分区的外业像控后,就进行空三加密,根据采集要求进行内业采集,再利用采集的树图和地形图结合在一起的调绘片,进行外业调查实验,调查后进行内业编辑。

4. 内业编辑

内业编辑是指按内业设计书的要求,检查和编辑通过内业采集获取的园林绿地信息。

5. 外业调查

外业调查是根据内业采集的信息进行外业绿地图形信息的确认和属性信息的调查,并再次通过内业编辑将外业确认的信息修改到内业采集的图上。

6. 质量检查

对提交数据进行质量检查。如果满足要求,则可以进行下一步的工作;如果不能满足要求,则根据质量检查报告确定修改和修测方案。

7. 数据处理和评价

数据处理和评价指将通过监理检查的成果进行数据格式转换处理,使其满足建库需要。

图 12-6 为基于遥感影像的园林数据采集的完整流程。

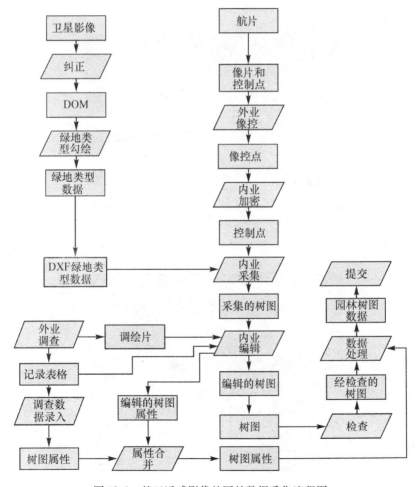

图 12-6　基于遥感影像的园林数据采集流程图

12.3　城市园林地物分类

采用面向对象分类方法(参见 4.3 节内容)可实现对城市园林绿地的分类,图 12-7 给出图 12-2 所示武汉市 QuikBird 数据的自动预分割效果(尺度 = 30);图 12-8 给出自动预分割后同类合并后的结果;图 12-9 给出最后园林绿地分类结果。将图 12-2 所示影像的园林数据分为林地和绿地,并把其他如居民地、道路、裸露地、湖泊等非园林绿地也分类出来,可以实现对园林绿地的快速调查和专题图成图。

图 12-7　图 12-2 所示武汉市 QuickBird 数据的自动预分割效果(尺度 = 30)

图 12-8　自动预分割后同类合并后结果

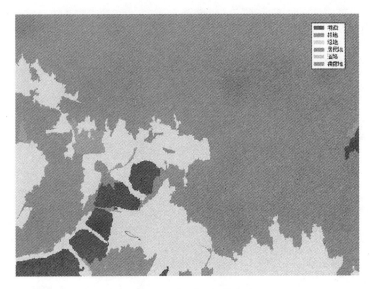

图 12-9　园林绿地分类结果

12.4　城市数字园林遥感应用系统

目前,城市数字园林遥感应用系统主要是通过建立影像立体平台,把绿地和树木按照用途首先分类,然后采集树木的高程信息和平面信息,再通过外业调查获取树木的粗度信息和属性信息,并把调查结果同内业进行挂接,用外业调查的分类信息对内业的分类信息进行修正,如图 12-10 所示。

建立好的模型可以直接把三维信息叠加在立体影像上进行精度检查,并实现对园林绿地的管理和查询,如图 12-11 所示。

此外,数字园林遥感应用还包括以下方面的深层次应用的挖掘。

1. 城市植被覆盖度遥感监测

植被覆盖度(vegetation fraction)是指植被(包括叶、茎、枝)在地面的垂直投影面积占统计区总面积的百分比。它是植物群落覆盖地表状况的一个综合量化指标。植被覆盖度是描述城市生态系统的重

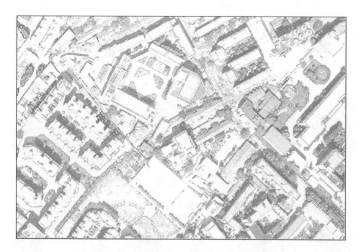

图 12-10　数字园林数据采集图

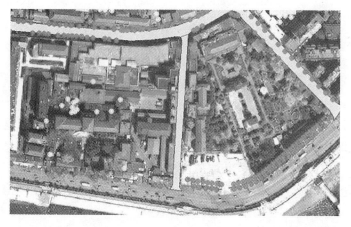

图 12-11　叠加了树木模型的影像立体图

要基础数据。定量化的植被覆盖度信息在全球和区域土地覆盖变化监测的很多研究中是重要因子。在水文生态模型研究中植被覆盖度也是一个很重要的变量。在全球循环的模型中经常需要它的时间动态与空间分布来计算能量或水流动。植被覆盖度作为一个重要的生态学参数被用在许多气候模型和生态模型中，同时它也是评估草地状况、土地退化和沙漠化的有效指数。许多研究表明,地表实测和遥感测量是获取植被覆盖度的两种基本途径,而且,利用遥感模型提取植被覆盖度在大区域尺度上是最有效的途径,其按方法进行分类主要有:分类决策树法、植被指数法、回归分析法、神经网络法、波谱分离法等。

2. 叶面积指数提取

叶面积指数(leaf area index,LAI)为单位面积中所表现出的最大叶面积,是一项极其重要的植被特征参量。LAI 不但可以直接反映出在多样化尺度的植物冠层中的能量、CO_2 及物质环境,还可以反映作物生长发育的特征动态和健康状况。同时 LAI 也与许多生态过程直接相关,例如蒸散量、土壤水分平衡、树冠层光量的截取、地上部净初级生产力、总净初级生产力,等等。实地测量叶面积指数只能获得小地块的 LAI,对于大范围的 LAI 值,早在 20 世纪 80 年代初就开始用遥感数据来获取,采用的方法主要有光谱指数模型和辐射传输模型两类。同时大量研究还证明,叶面积指数的地面可测量性可有效用于遥感提取 LAI 结果的验证。

3. 城市园林湿地面积监测

在进行城市园林遥感调查与监测中,可获取园林类型、分布、面积等方面的信息,可以了解不同时段我国园林面积的基本情况及其动态增减情况。

第13章
城市地质灾害遥感监测

中国是世界上自然灾害多发、频发,且损失严重的国家之一,地质灾害对城市的和谐发展构成了潜在的威胁。在城市防灾、抗灾、救灾中,遥感技术能够起到预警、动态监测、灾情评估、辅助决策等作用。它能为灾害的快速调查、损失的快速评估提供一种新方法、新手段,也可以为救灾、减灾决策提供重要的依据。本章讲述了利用遥感技术进行城市地质灾害监测的可行性和具体的应用方法,并探讨了建立城市地质灾害遥感监测信息系统的具体内容。

13.1 利用遥感技术进行城市地质灾害监测的可行性

我国山区面积占国土面积的2/3,地表的起伏增加了重力作用,很多城市和城镇都依山傍水而建,加上人类不合理的经济活动,地表结构遭到严重破坏,使滑坡和泥石流成为这些城市分布较广的自然灾害。

遥感技术应用于地质灾害调查,可追溯到20世纪70年代末期。在国外,开展得较好的有日本、美国、欧盟等。日本利用遥感图像编制了全国1:5万地质灾害分布图;欧盟各国在大量滑坡、泥石流遥感调查基础上,对遥感技术方法进行了系统总结,指出了识别不同规模、不同亮度或对比度的滑坡和泥石流所需的遥感图像的空间分辨率,遥感技术并通过结合地面调查的分类方法,用 GPS 测量及雷达数据监测滑坡活动可能达到的程度。美国地调部门就通过对美国路易斯安纳州沿海区域和密西西比河下游平原区域进行详细的地质填图,查清了可渗透和不可渗透沉积岩以及断层情况,这些资料对合理规划沿海区域的开发行为、最大程度降低土壤流失至关重要。

我国利用遥感技术开展地质灾害调查起步较晚,但进展较快。经初步统计,迄今大约已覆盖了 80 余万平方公里的国土。我国地质灾害遥感调查是在为山区大型工程建设或为大江大河洪涝灾害防治服务中逐渐发展起来的。20 世纪 80 年代初,湖南省率先利用遥感技术在洞庭湖地区开展了水利工程的地质环境及地质灾害调查工作。其后,我国先后在雅砻江二滩电站、红水河龙滩电站、长江三峡电站、黄河龙羊峡电站、金沙江下游溪落渡、白鹤滩及乌东清电站库区开展了大规模的区域性滑坡、泥石流遥感调查;从 20 世纪 80 年代中期起,又分别在宝成、宝天、成昆铁路等沿线进行了大规模的航空摄影,为调查地质灾害分布及其危害提供了信息源。20 世纪 90 年代起,主干公路及铁路选线也使用了地质灾害遥感调查技术。近年来在全国范围内开展了"省级国土资源遥感综合调查"工作,各省(区)都设立了专门的"地质灾害遥感综合调查"课题。这些调查大都为中—中小比例尺(1∶25 万~1∶50 万)的地质灾害宏观调查,主要调查的成果有:识别地质灾害微地貌类型及活动性,评价地质灾害对大型工程施工及运行的影响等。

近年来遥感技术得到了快速发展,特别是多光谱、高光谱遥感技术的成熟,机载孔径雷达(SAR)及干涉孔径雷达(INSAR)的出现,使得可以接收和处理的城市高分辨率遥感数据越来越多,波段越来越细。RS、GPS、DBS、GIS 的高度集成,为遥感信息的数据挖掘、数据综合和数据融合提供了便利的条件和合适的工具。利用遥感信息对地质灾害进行分析、识别、监测,进而建立地质灾害动态监测系统,是防灾减灾的一项重要途径。对各类地质环境和地质灾害体的电磁信息进行归类,查找最优的特征信息,可以为地质灾害体的类型和形貌特征的分析、预警提供依据。国内外的实践结果表明,遥感技术能使对地质灾害的防治,由盲目被动转为耳聪目明,能及时发现并超前预报,为主管部门决策提供依据,有效地保护人民生命财产安全,最大限度地减少损失。

在灾害发生前,通过遥感影像提取灾害体特征信息,结合 GPS 和地面控制点影像库,可实施灾害预警监测。

灾害发生时,启动应急响应,开展灾害航飞监测、快速定位受灾区域和受灾程度,可寻找有利的营救生命线,快速营救受灾人员。如图 13-1 所示的崩滑。

灾害发生后,通过遥感技术实施灾害监测,尤其是需要重点监测堰塞湖、滑坡、泥石流等次生灾害,如图 13-2 所示的北川小毛坡滑坡。另外,基于遥感影像,可实施灾后重建的规划,如利用遥感影像,快速生成城镇 1∶2000 的 DEM、DLG、DOQ,支持灾后规划重建。

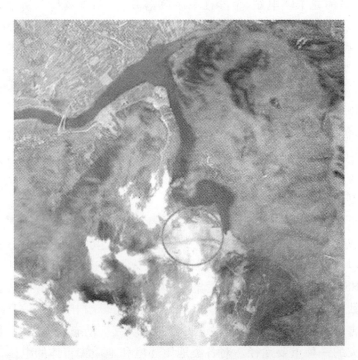

图 13-1　SPOT5 卫星遥感影像上的北川马滚岩崩滑

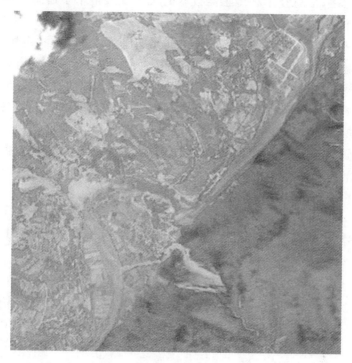

图 13-2　SPOT5 卫星遥感影像上的北川小毛坡滑坡

卫星遥感中的"星载雷达技术"具有穿透云雨的特点,不受天气条件影响。利用星载雷达可以实时(或准实时)地开展突发性地质灾害调查。

雷达差分干涉测量技术对地表微小形变具有厘米甚至更小尺度的探测能力,这对于进行地质灾害研究具有非常重要的意义。地质灾害通常可以分为两大类:渐变型和突发型。突发型地质灾害,由于在极短的时间内发生,一般很难进行监测。然而,突发型地质灾害发生之前一般都先要经历较小的地表形变或块体蠕动过程。因此,对渐进式的蠕变和块体运移进行监测,对于地质灾害的识别、预警和防治具有决定性的意义。而雷达差分干涉测量技术已被国际上诸多研究实践证明,它在测量地表形变位移量、监测地面动态变化方面具有无可比拟的优越性。

总之，信息技术和传感器技术的飞速发展带来了遥感数据源的极大丰富，每天都有数量庞大的不同分辨率的遥感信息，从各种传感器上接收下来。这些高分辨率、高光谱的遥感数据为遥感定量化、动态化、网络化、实用化和产业化及利用遥感数据进行地质灾害地物特征的提取，提供了丰富的数据源。利用多时相数据能自动发现地表覆盖的变化趋向，即利用遥感影像，自动进行变化检测。随着各类空间数据库的建立和大量新的影像数据源的出现，实时自动化监测已成为研究的一个热点。随着传感器技术、航空航天技术和数据通信技术的不断发展，现代遥感技术已经进入一个能动态、快速、多平台、多时相、高分辨率地提供对地观测数据的新阶段。

13.2 基于遥感技术的城市地质灾害体特征提取

地质灾害的发生主要受制于地层岩性、构造展布、植被覆盖、地形地貌以及大气降水强度等要素。一般情况下，岩性脆弱、构造发育、植被稀疏、地形陡峻的地段，在强降水过程中容易发生地质灾害。遥感技术宏观性强、时效性好、信息量丰富等特点，不仅能有效地监测预报天气状况，进行地质灾害预警，研究查明不同地质地貌背景下地质灾害隐患区段，同时对突发型地质灾害也能进行实时或准实时的灾情调查、动态监测和损失评估。地质遥感灾害的特征信息提取主要是分析表征地质灾害发育的区域环境，即研究地层岩性、地质构造、地形地貌、植被、水系等环境因素的光谱特征。

城市地质调查是保障城市安全的巨手，城市地质遥感把所有可利用的信息汇编和公布，包括：

(1) 基岩和地表物质的类型。

(2) 冲积物厚度和性质。

(3) 蓄水层以及物质的地球化学特征。

城市地质遥感调查主要是指利用多源遥感影像数据，并对这些数据进行处理、分类，进行信息提取，建立遥感监测信息数据库。对城市地质灾害体的多种特征（包括灾害体形状、大小、阴影、色调、位置、活动等）与影像之间对应关系及与周边地质地理环境关系进行研究,结合必要的地面补充调查,对城市地质灾害体进行解译、分类与提取。

从遥感图像上获取的地质构造特征信息包括:各种构造形迹的形态特征、产状和尺度;各种构造形迹的空间展布及组合规律;各种构造形迹的性质和类型;各种构造形迹的分布规律及其地质成因;区域构造的总体特征及性质。

下面以滑坡为例,来阐述城市地质灾害体的遥感特征提取过程。

滑坡现象的产生是多种因素综合作用的结果,其产生机理十分复杂。地形、地层岩性、地质构造是滑坡形成的三大内因。因此,遥感滑坡灾害研究主要包括:分析滑坡发育的岩性、构造、植被、水系等环境因素;确定滑坡位置、类型、边界、规模、活动方式、稳定状态,并预测其危害程度。

滑坡灾害体的影像特征一般显示为簸箕形、舌形、弧形等地貌特征。在彩色红外航片上,较大型的滑坡能见到明显的滑坡壁、滑坡台阶、封闭洼地以及滑坡裂隙等微地貌特征。老滑坡体上冲沟发育,边缘有耕地和居民点,发育在江河岸边的常使所在的斜坡呈弧形外突,河床被淤堵变窄。新滑坡体在彩色红外航片上显示较均匀的灰白色调,或品红色调间杂绿色斑点,这种特征反映了地表裸露程度较高,较大的滑坡体常见于垅状地貌,垅顶有稀疏的植被,显灰绿色调,垅沟有积水显示蓝色调。滑坡体遥感特征信息提取包括如下方面。

1. 形态和规模

滑体的平面、剖面形状、滑体的长度、宽度、厚度、面积。

2. 边界特征

后缘滑坡壁的位置、产状、高度及其壁面上擦痕方向;滑坡两侧界线的位置与性状;前缘出露位置、形态、临空面特征及剪出情况,以及露头上滑坡床的性状特征等。

3. 表部特征

滑坡微地貌形态(后缘洼地、台坎、前缘鼓胀、侧缘翻边埂等),裂缝的分布、方向、长度、宽度、产状、力学性质及其他前兆特征。

4. 内部特征

滑坡体的岩体结构、岩性组成、松动破碎情况及含泥含水情况,滑带的数量、形状、埋深、物质成分、胶结状况,滑动面与其他结构面的关系。

5. 变形活动特征

滑坡发生时间,目前发展特点(斜坡、房屋、树木、水渠、道路、古墓等变形位移及井泉、水塘渗漏或干枯等)及其变形活动阶段(初始蠕变阶段—加速变形阶段—剧烈变形阶段—破坏阶段—休止阶段)滑动的方向、滑距及滑速,分析滑坡的滑动方式、力学机制和目前的稳定状态。

13.3 城市地质灾害遥感监测信息系统

提取城市地质环境和地质灾害体的电磁信息并进行分类,结合多种地学信息对城市地质灾害体进行识别、预测、评价,可为灾害分析、遥感监测提供依据。要真正实现对城市地质构造和地质灾害体的动态监测,为监测城市地质灾害的发生起到预防作用,为预测城市地质灾害的发生起到前期导向,为灾害评价提供客观依据,就必须建立城市地质灾害遥感监测信息系统,开发地质灾害识别、分析、评价、预警和监测等的辅助工具,实现基础地质信息遥感解译、灾害地质遥感解译分析和基础地理信息遥感解译等,系统框架如图13-3所示。

1. 基础地质信息遥感解译

获取和处理基本的地质信息,主要包括岩性信息提取、地层信息提取和构造信息提取等。

2. 灾害地质遥感解译分析

利用知识库、模型库和方法库等获取、处理和分析与各类地质灾害有关的遥感信息,对地质灾害获得定量化的预测和治理信息,主要包括泥石流分析、滑坡分析、堰塞湖分析、地震分析、塌岸信息分析。

3. 基础地理信息遥感解译

获取、分析和处理与地质灾害有关的各类地理遥感信息,更精确地辅助地质灾害遥感信息的提取以及地质灾害的综合分析和防治,主要包括地形地貌信息提取、植被信息提取、遥感信息处理等。

灾害监测系统的建设涉及以下几个关键环节。

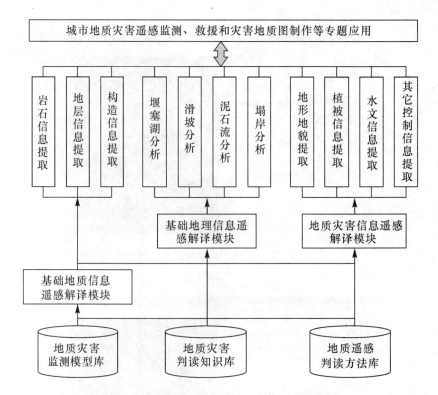

图 13-3　城市地质灾害遥感监测信息系统框架

1. 建立典型地质岩层光谱库

针对城市地质灾害体实地采集到的光谱,存为光谱库文件,如图 13-4 到图 13-6 所示。

图 13-4　天河板组—泥质灰岩的实地拍摄照片

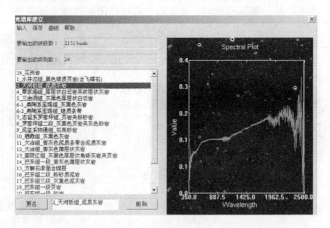

图 13-5　天河板组—泥质灰岩的光谱曲线

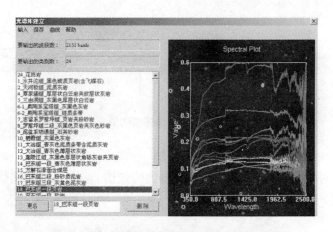

图 13-6　多条地物光谱曲线同时显示的效果图

2. 灾害特征信息提取

灾害类型不同,需要的影像分辨率精度也不同,如图 13-7 到图 13-8 所示,对于堰塞湖这样的流域性灾害,既可以使用高分辨率影像如 SPOT5,也可以使用中分辨率卫星影像如 Radarsat。

在进行救灾抢险和灾后评估的遥感特征数据提取时,雷达影像在获取条件上最有保障,在对大面积地质灾害信息提取中,雷达与多

图 13-7　利用 SPOT5 影像对唐家山堰塞湖边界提取结果

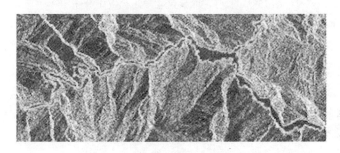

图 13-8　利用 Radarsat 影像对唐家山堰塞湖边界提取结果

光谱影像比可见光全色影像有用；而高分辨率全色影像适合对房屋的倒塌情况以及目标结构性分析，实践中表明只有分辨率接近或者优于 1m 才能够看出房屋损伤的信息。

3. 制作地质灾害专题图

面对我国广大国土，特别是山区城市、矿山和大型水利工程日益严重的滑坡、泥石流等灾害，制作地质灾害分布图等专题图，可为城市建设和城市抗灾提供基础数据，图 13-9 为长江三峡库区主要地质灾害分布图。

4. 灾后重建规划

地震、滑坡、泥石流、海啸等自然灾害，带给城市的灾难往往是毁

图 13-9　长江三峡库区主要地质灾害分布图

灭性的,图 13-10 为某海滨城市在海啸前的城市原貌,一场海啸,让该城市变为图 13-11 所示的废墟。灾害发生后,应急救援是一时的,而灾后重建规划是需要可持续的。新的城市功能性选址,则需要充分借助遥感技术,并充分考虑区域地质条件、地形地貌条件而统筹规划。

图 13-10　海啸前某城市卫星遥感影像

第13章 城市地质灾害遥感监测 199

图 13-11 海啸后某城市卫星遥感影像

第14章
城市市政精细管理遥感应用

最初的数字化城管系统主要是依托大比例尺电子地图建立的。在美国和加拿大多采用经纬网格,并按行政区划来调查和统计地理空间分布现象,效果与网格地图比较近似。

我国自2004年以来依托比例尺为1∶500的电子地图先后在70多个城市实现了"万平方米单元网格"的划分,对城市管理空间实现了分层、分级、全区域管理,采用的就是这种模式。

随着遥感技术的发展,正射影像(digital orthophoto map,DOM)和可量测实景影像(digital measurable image,DMI)先后成为基础地理信息数字产品,影像城市将成为数字城市的高级发展阶段,基于电子地图的城市市政精细化管理将向基于遥感影像的城市网格化管理与服务方向发展。

14.1 基于电子地图的城市市政精细管理

14.1.1 从城市GIS到城市网格化管理与服务

城市GIS作为城市空间数据和空间信息在计算机中的存储、表达、分析和应用的信息系统,已经从建立单个系统走向了网络,如Web-GIS和Mobile-GIS,下一步必然要走向Grid-GIS,以充分发挥网格技术在各类资源共享方面的优势,推进GIS走向网格化。

城市网格化管理与服务系统,指的是在城市信息基础设施(覆盖全市的网络通信环境)上依托城市空间数据基础设施(特别是大比例尺电子地图数据库和大量基础地理信息资源),利用空间信息网格的思想,按一定的规则将城市空间划分为一定大小的空间区域(单元网格),将城市基础设施确定为网格化部件,将城市建设和管理中所关心的事情称为网格化事件,将政府为居民提供的各类服务定位为网格化服务,以单元网格为基本单位,将全市行政区域划分成若干个网格状的单元,由城市管理监督员对所分管的网格单元实施全时段监控,监管互动实现对全市分层、分级、全区域的无缝精细化管理,提供人性化服务,解决城市中人与自然、资源、环境的协调发展,构建和谐社会。图14-1为武汉市江汉区单元网格划分图,图14-2为基于电子地图的城市网格化部件及其属性。

在基于电子地图的城市网格化管理与服务系统中,实现了基于该系统提供矢量电子地图叠加部件和事件,对立案的部件和事件的

图14-1　武汉市江汉区单元网格划分图

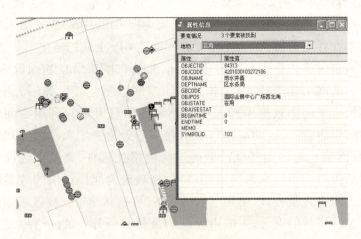

图 14-2 基于电子地图的城市网格化部件及其属性

管理做到可追踪、可统计、可分析,对全过程实现了透明化管理。如果如图 14-3 所示的一个街道上有暴露垃圾,则监督员通过终端采集设备拍摄现场照片,并和描述该事件的短消息一起上传给网格化监督中心,如图 14-4 所示。监督中心立案后根据流程派遣相关职能部门进行处理,处理过程受监督中心监督和监督员核查。通过这样的闭环管理,实现对城市事件的管理。

图 14-3 基于电子地图的城市网格化管理事件定位

图 14-4　城市网格化管理和服务系统中的立案和核查图片

14.1.2　电子地图在城市管理中的作用及其局限性

基于电子地图的城市网格化成果都是以二维电子地图或报表的形式来展现的。二维地图是一种符号化的系统,展现到网格化平台和智能终端上,不能直观地反映部件所在位置的环境情况,而部件所在的环境与事件的严重性有着直接的关系。与强大的用户需求相比,目前的电子地图存在着以下主要缺陷:

(1) 社会化属性不足。电子地图是加工后的地图,仅对测绘规范中要求的地理要素进行测绘,没有包含详细的环境、资源、社会、经济、人文等信息,因此不能直接满足大多数行业用户和大众用户的需要。例如:公安部门仅能从电子地图中提取 20% 左右的警用地理信息。

(2) 现势性差。由于成图周期长,电子地图产品的更新难以跟上城市建设发展的速度。目前,我国有很多城市的大比例尺基础地形图存在数据不完整、现势性不强的问题。因此对于大多数城市而言,若采用传统的测绘方式,则需要花费大量的时间和经费先进行地图修测,方可开展部件普查和网格划分的工作。

(3) 电子地图是图形数据为主的抽象描述,信息量不足,大部分是二维的。

(4) 从表现的尺度来看,目前电子地图只利用了航空航天影像,所有地面目标都在同一比例尺下。而地面实景影像,有近景也有远景,是地物目标的多比例尺影像,电子地图应将它包含进来。

(5)电子地图把数据加工后的东西给用户,用户不能参与量测和挖掘。

因此,基于电子地图的网格化平台在城市管理中也存在以下先天性不足:

(1)"图形+报表"的数据信息量有限,不能提供足够的城市环境信息。

(2)数据表现平面化,不能有效支持对城市立面目标的管理。在基于电子地图的城市网格化管理系统中,所有部件均以平面投影的方式在地图上展现,而大量的城市立面管理目标(例如对门面招牌、广告牌的管理)则无法在二维图上表示出立体信息;对违章建筑、乱拆乱盖也缺乏数据库支持,从而导致执法失据,容易引起纠纷,这些都与该平台只管理了二维数据有关。

(3)电子地图仅有的符号化地图数据不能有效支持面向决策的高级应用。如同其他基于图形数据和报表数据的 GIS 系统一样,由于数据所能提供的信息量有限,现有大多数的城市网格化管理系统仅仅停留在"派工单"管理范畴,主要只能面向业务操作层,对 GIS 的许多深层次的功能并没有深入开发,对决策支持的贡献甚微。而包括视频导航、案件跟踪、损失评估、决策分析和应急指挥在内的决策支持正是城市管理最重要的高级应用,客观上呼唤着与人类视觉相关的基于遥感影像的城市网格化管理与服务的出现。

14.2 基于遥感影像的城市网格化管理与服务

14.2.1 基于正射影像的城市网格化服务

数字正射影像图是对航空(或航天)像片进行数字微分纠正和镶嵌,按一定图幅范围裁剪生成的数字正射影像集。它是同时具有地图几何精度和影像特征的图像。

DOM 具有精度高、信息丰富、直观逼真、获取快捷等优点,可作为城市地图分析背景控制信息,也可从中提取自然资源和社会经济发展的历史信息或最新信息,为防治灾害和公共设施建设规划等应用提供可靠依据;还可从中提取和派生新的信息,实现地图的修测更新。评价其他数据的精度、现实性和完整性都很优良。

数字正射影像图制作的常规技术方法,包括采用 VintuoZo 系统数字摄影测量工作站或者 jx-4 DPW 系统,现在还可采用 DPGrid 或 PixelGrid 平台,数据源包括航空像片或高分辨率卫星遥感图像数据等。基于图 14-5 所示的正射影像来实现城市精细化管理与服务,将会更加直观,比基于电子地图的管理更加方便。

图 14-5 基于正射影像的城市精细化管理与服务服务

可见,数字正射影像图可为城管信息化带来很多全新的应用。事实上,作为传统二维地图的升级产品,它可以更好地支持网格管理、市容环境、街面秩序、突发事件、广告管理和施工管理等各个方面的业务应用。

从内容上看,数字正射影像图包含了可视可量可查询可挖掘的真实信息。地理空间信息服务数据从电子地图发展到可量测的影像,从而使得对象的表达更为全面和直观。

14.2.2 基于可量测实景影像的城市网格化服务

实景影像是与人眼视觉感知一致,反映地表真实的空间关系、时间以及人文社会环境信息等的近地面高分辨率数字影像。集成遥感、全球定位和惯性导航等技术的移动道路测量系统,可采集具有内、外方位元素和时间参数的地面可量测实景影像(参见图14-6)。

可量测实景影像正契合空间信息服务的实景化需求,其主要优势体现在以下三个方面:

(1)可量测实景影像上可能提供城市景观的立面图像信息,这些可视、可量测和可挖掘的自然信息和社会信息能够弥补4D影像中不能包含的大量细节信息,提高空间信息服务数据源的信息量,提供更多更新的服务内容。

(2)可量测实景影像是聚焦服务、按需测量的产物,能满足社会化行业用户对信息的需求,可以在传统的4D产品与用户需求的鸿沟间起到桥梁作用。例如上面提到的公安地理信息系统需要通过实地调查来补充的信息可以在实景影像上获得。

(3)实景影像采集工期短,操作简便,数据更新快,具有很强的现势性,可有效提高空间信息服务的准确性。

图14-6 集成DOM、DMI和DLG的城市网格化管理平台的浏览功能

可量测实景影像连同立体像对前方交会算法一起放在网上,任何终端上的用户即可按自己的需要进行量算和解译。图14-6为集成DOM、DMI和DLG的城市网格化管理平台的浏览功能,图14-7为集成DOM、DMI和DLG的城市网格化管理平台的量测功能。

图14-7 集成DOM、DMI和DLG的城市网格化管理平台的量测功能

第15章
遥感在城市规划中的应用

本章首先总结了遥感在城市规划中的应用现状，介绍了城市规划遥感应用的主要方向。基于高分辨率遥感影像，分析了遥感技术应用于城市规划和建设的框架和具体内容，探讨了采用遥感技术进行城市规划动态监管的流程，结合城市规划管理规则，重点设计了城市规划遥感监测系统。

15.1 遥感技术在城市规划中的应用现状

遥感技术在城市规划中的最早应用出现在规划设计中，如道路等功能分区设计等；随后出现在规划选址实施中，如进行成本预算、拆迁量估算等。目前，随着遥感影像分辨率的提高，遥感技术已广泛应用于城市布局、城市规划的调整、历史文化保护、旧城改造、土地变更调查、城市交通规划、城市规划动态监测、辅助土地执法检查、违法建设用地查处等领域。

遥感技术是高效的信息采集手段，利用遥感技术获取城市规划所需数据具有以下特点：

(1) 能获取大面积、综合性的土地利用现状信息。

(2)能为城市规划提供基于影像的可视化规划原始数据,如图15-1 所示的武汉市基于 QuickBird 卫星影像进行的城市规划的修编。

图 15-1　2004 年武汉市用于城市规划的 QuickBird 卫星影像

(3)更新速度快,可为土地变更调查提供数据源。

(4)能为土地利用规划动态监管提供有效的自动化监测手段。

基于这些特点,遥感技术适应了城市规划发展趋势的需要,成为目前获取和更新城市信息的最好手段,遥感数据也因此成为城市规划信息系统的重要数据源。

例如,面对目前城市规划建设中存在的若干问题,如违法建设大量出现,城乡结合部建设混乱,毁坏文物大拆大建,无规则擅自批建,等等,有必要采取一种实时有效的方式来加强城市规划监管。应用遥感影像进行违法建设的查处,利用高分辨率遥感影像提供违法建设的业务化运行系统,可以实现如下功能:

(1)辅助违法建设的发现、监察。

(2)辅助城市道路和建筑物的变化监测,提供规划管理依据。

(3)提供现势性的遥感与 GIS 信息,辅助重点的选址分析与决策。

遥感在城市规划领域的应用,为城市规划中违法建设的监测与管理提供了一种高效的技术手段。它具有成图周期短、成本低、实效性高等特点,在城市总体规划、交通等行业规划、城市规划调整、旧城改造、历史文化保护、违法建设用地监测、灾后重建规划等方面均可发挥重要作用。图15-2为汶川地震发生后,可用于灾后重建规划的航空遥感影像。类似地,我们可以采用这样快速获取的高分辨率遥感影像进行场馆规划选址、旅游风景区规划等。

图15-2 用于灾后重建规划的航空遥感影像

利用不同时相的高分辨率卫星遥感影像,结合城市总体规划、分区规划、控制性详细规划以及规划审批后执法的相关资料,通过外业调查,运用基于遥感影像的变化检测技术对城市的变化信息进行提取,对建设用地、绿化用地、湖泊、山体等保护用地进行监测,采用基于遥感影像的城市变化信息提取与动态监测方法和流程,可为城市合理规划和可持续发展提供科学准确的资料。

15.2 遥感技术用于城市规划和建设的内容

采用高分辨率卫星与航空遥感技术,对城市规划提供科学的决策依据,并对城市建设中的各种违法建设和不良发展倾向及时采取

措施,保证城市规划有效实施和城市健康发展。具体的内容包括:

1. 建立服务于城市规划的多时相、多尺度城市遥感影像数据库

利用卫星遥感影像进行城市规划监管时,影像的选择应该分三个层次来进行:当采用城市总体规划与变化信息相叠加来发现和提取变化信息,进行城市规划动态监管时,可选用影像分辨率为 5~10m 的卫星遥感影像;当采用城市控制性详细规划与变化信息相叠加来发现和提取变化信息,进行城市规划动态监管时,可选用影像分辨率为 2~5m 的卫星遥感影像;当采用建设项目数据库与变化信息相叠加来发现和提取变化信息,进行城市规划动态监管时,可选用影像分辨率为 0.61~2m 的卫星遥感影像。

将不同时相和不同分辨率的遥感影像进行配准、纠正、融合以及增强等处理后集中入库,可建立多时相、多尺度的遥感影像库。

2. 基于最新现势性的遥感影像进行城市规划

将遥感影像库中影像数据与规划信息库中各种规划数据信息相叠加,可简单快速地实施城市布局规划、历史文化保护区规划、旧城改造规划、土地变更调查、城市交通规划,或用于城市规划的调整。

3. 动态监测并建立规划信息库

将城市总体规划、城市控制性详细规划库、重点建设项目"一书两证"数据库、审批数据库、"四线"等规划基础数据集中入库,建立规划信息库。在此基础上,实施规划动态监测,图 15-3 为基于遥感影像实施湖泊监测时获取的湖泊变化信息。具体功能包括:

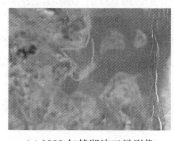 

(a) 1999 年某湖泊卫星影像　　(b) 2002 年同一湖泊卫星影像

图 15-3　湖泊变化监测图

（1）实现对城市用地规划实施情况的动态监测，包括对城市总用地范围、规模的控制监测，以及城市各类用地布局、范围和性质是否改变情况的监测。

（2）实现对城市建设工程规划实施情况的动态监测，包括各类建筑物、构筑物、水厂、污水厂等基础设施工程建设的监测。

（3）实现对城市"四线"规划实施情况的动态监测。"四线"是指红线（道路）、绿线（园林绿化、山体、风景名胜区）、紫线（历史文化街区、历史建筑）、蓝线（江河、湖泊、湿地）。此外，还可包括黄线（重大基础设施、公共设施及其用地控制）等。

4. 建立城市规划遥感监管系统

城市规划遥感监管系统主要是利用从遥感影像中获取的变化图斑与城市总体规划、控制性详细规划、"一书两证"库、四线等相叠加来发现城市规划建设中的违法用地现象并实施监管。因此，可基于遥感影像建立一套完善的城市规划动态监管系统，充分利用地理属性数据和各种规划资源信息等，实现数据集成和信息共享，将各种违法建设案件动态地、多方位地显示在公众面前，从而提高工作效率，减少城市规划建设中的违法建设行为，为城市规划行政主管部门提供强有力的技术支持。

15.3 遥感技术在城市规划和建设中的应用框架

遥感技术在城市规划和建设中的应用框架如图15-4所示。根据城市现有基础数据情况、航空和卫星影像的存档情况，按照上面的框架开展规划领域的相关遥感应用：

（1）在城市现有数字化成果的基础上，对城市现状数据进一步数字化，形成现状数字图库（主要指在建的"一书两证"建设项目、临时建设项目和城市用地现状图）。

（2）在以往数字化成果的基础上，对总体规划、分区规划和控制性详规等进一步数字化，形成规划数字图库。

（3）通过叠加分析等方法，掌握规划的实施情况。

（4）利用实时影像获取，并借助专业分析软件，提取出城市规划用地中的变化图斑。

(5)建设城市规划动态监测系统,进行城市规划动态监测,以期掌握较全面的建设情况,为加强城市规划的监督力度创造条件。

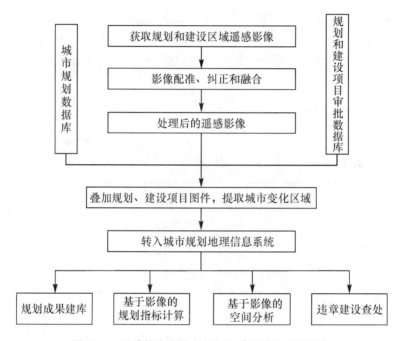

图15-4 遥感技术在城市规划和建设中的应用框架

15.4 城市规划遥感监测应用

在利用卫星遥感影像进行城市规划动态监测时,提取出的变化图斑信息需要与城市总体规划、控制性详细规划或建设项目数据库相叠加来获取违法建设信息,从而辅助违章建设的快速确认。为了在地面覆盖复杂的情况下准确地发现城市规划中的违法建设,要求采用分辨率较高的卫星遥感影像。

基于多时相遥感影像实现城市规划动态监管主要是对不同时相的多源影像数据进行分析处理,通过变化检测方法来获取变化信息,自动发现城市用地现状中的变化信息,保证变化信息提取的客观性和正确性,减少作业人员的工作量。经过自动化方法提取出的变化信息由于受影像投影差和分辨率过高的影响,会存在伪变化信息较多、变化信息过碎的现象,因而采用面向对象的影像分割方法,采用人机交互判读的方法提取。最后,将总规、控规等图件和入库后的变化信息相结合,进行对比分析,从而分析出城市规划用地现状和性质。基于多时相遥感影像的城市规划动态监管技术流程如图15-5所示。

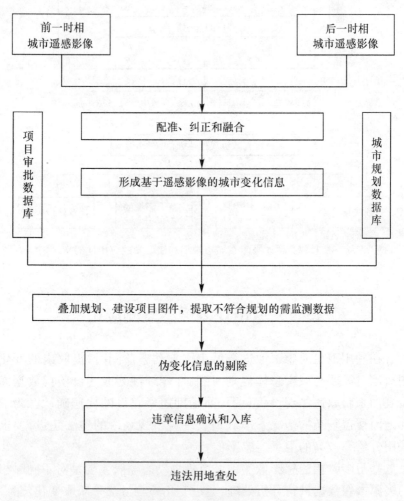

图15-5 多时相遥感影像的城市规划动态监测技术流程图

(1)流程第一步：基于多时相遥感影像变化检测，得到城市变化信息。所采用的变化检测方法取决于所要检测的变化区域的大小。

自动检测出变化信息后，再与城市总体规划、控制性详细规划等规划基础数据库中数据相结合进行对比分析和野外实地核查，发现和确认变化信息。随后将变化信息入库，进行信息的查询与分析，监测城市规划中的违法建设，为城市的建设与健康发展服务。

(2)将变化信息与项目审批数据库进行对比分析，剔除掉按正常报建手续进行建设的项目。

(3)将经过上述第(2)步处理后得到的区域与城市规划数据库进行比对，并结合地面监测数据，把没有办报建手续，但符合总体规划的违章建筑筛选出来，督促其补办报建手续。

(4)通过与 GIS 数据对比分析、影像阴影分析，剔除掉伪变化信息。

(5)将经过上述过程筛选后剩余的变化信息作为重点核查区域，该区域最有可能是不符合规划的违章建筑，一般需到现场调查，确认为不符合报建手续后，需要强制拆除。

目前，我国已利用高分辨率对地观测系统提供的遥感数据，在北京、武汉等多个城市建立城市规划遥感监测应用示范工程，检验和完善高分辨率对地观测系统的数据源种类、数据获取、数据处理、数据分发机制等对城市规划监测业务应用需求的支撑情况，建立与高分辨率对地观测系统数据处理平台相衔接的城市规划遥感监测业务应用系统，达到业务化运行，实现对示范城市规划执行情况的有效监管。图 15-6 所示为利用遥感手段监测出土地利用结构调整的情况，图 15-6 中，左边所示的是 1995 年时的遥感影像，该处土地用来种植农作物，右图是 1999 年时，土地已经被利用来养殖了。通过遥感的手段，能够掌握土地利用变化的情况。

图 15-6　利用遥感手段监测土地利用结构调整示例图

15.5　城市规划遥感监测系统建设

由于存在同物异谱与同谱异物现象,自动化方法往往有一定的局限性,采用面向对象的影像分割的方法可以改善提取变化图斑的效率。因此需要用人机交互的方法发现、确认变化信息。

15.5.1　自动提取变化信息

基于多时相遥感影像的变化信息自动提取方法依靠计算机软件,运用相关变化检测算法来自动提取出变化信息。采用这种方法提取出的变化图斑会存在多噪声、多"椒盐"现象。因此需要人工进行确认和核查,以保证变化信息提取的精度。

实际中主要是利用现有城市总体规划、控制性详细规划、建设项目数据库和高分辨率卫星遥感数据,实现自动化和效率较高的城市用地变化信息自动提取,从而达到监测城市违法建设的目标。

针对城市都具备近期遥感影像和城市规划数字图库的情况,一般采用基于总体规划用地单元的知识库自动发现变化信息的方法。

15.5.2 人机交互解译提取变化信息

前面所述的基于多时相和单时相遥感影像的变化信息自动提取,尽管在实际研究过程中采取了多种方法相组合来提取变化信息,但是仍然存在精度不够高、遗漏图斑多、伪图斑和"椒盐"状图斑较多的现象。因而在变化信息提取出来后,对其中的可疑图斑以及整体图斑应进行实地核查,发现和确认变化信息。这种经过自动提取变化图斑,然后进行人工检验和核实的方法效率不是很高,故可以采用人工方式进行检验或实地调查。

在采用多时相遥感影像进行城市规划动态监管过程中,利用遥感图像处理软件进行变化图斑的提取时由于受传感器类型、地形起伏程度、高程建筑物阴影以及地物光谱复杂性等各种因素的影响,导致信息提取的精度不太高,自动提取出的变化图斑有很多伪信息或错误信息的存在。因此在运用遥感软件进行变化图斑的自动提取后,还需靠人工进行变化信息的判读、确认并进行外业实地核查。

同样,在利用单时相遥感影像结合城市总体规划等资料来进行土地利用变化图斑的提取后,也需靠人工进行变化信息的判读、提取、确认或实地调查变化信息的准确性。

伪图斑剔除流程图见图15-7。

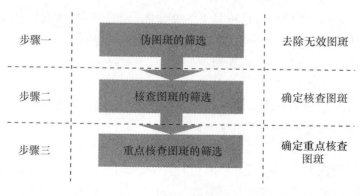

图 15-7 伪图斑剔除流程图

由此可见，整个过程中人工判读的作用很重要。在目前计算机自动分类精度尚不能完全满足工作需要时，人机交互解译仍是一种非常重要的方法。人机交互解译的基本要素包括色调（颜色）、大小、形状、纹理、结构、高度、阴影、组合构型和所处的地理位置等。人机交互解译最大优点是灵活，并且由于加入了解译者的思维和判断，信息提取精度相对较高。

15.5.3　城市规划动态监测信息系统建设

基于遥感影像分析技术的城市规划动态监测使得违法建设的监测更加直观、快捷，能为城市规划建设动态管理提供辅助决策。利用遥感影像采用人机交互方法提取出变化图斑后，将变化图斑入库，在城市规划动态监测系统中与城市总体规划、城市控制性详细规划库、"一书两证"数据库和四线等规划资料进行对比分析，来发现城市规划中的违法建设用地和违法建设项目，从而为政府管理工作提供参考和帮助。具体步骤如下：

1. 伪图斑的筛除

利用遥感影像提取出变化图斑后，为了保证提取出的变化图斑的准确性，需要筛除掉其中的伪变化图斑。通常的伪图斑包括：自然因素引起的地貌的变化、建筑物的顶层重新处理引起的变化、建筑物或地面反光引起的变化、季节变化、人为修整引起的地貌变化等。

2. 变化图斑与各种规划图件相叠加

筛除伪变化图斑后，将剩下的变化图斑与城市总体规划、城市控制性详细规划库、"一书两证"数据库和四线等规划基础数据库相叠加，判断其是否符合相关规划。

3. 实地核查

指实地核查上述需要核查的变化图斑信息，记录核查图斑的用地性质和用地面积及其他相关信息。

4. 各种属性信息记录入库

将筛除掉伪图斑后的所有变化图斑的属性信息入库，其中包括核查图斑的核查记录以及不需要核查图斑的人工判读所得信息。图15-8 为城市规划遥感监测系统数据库。

第15章 遥感在城市规划中的应用 219

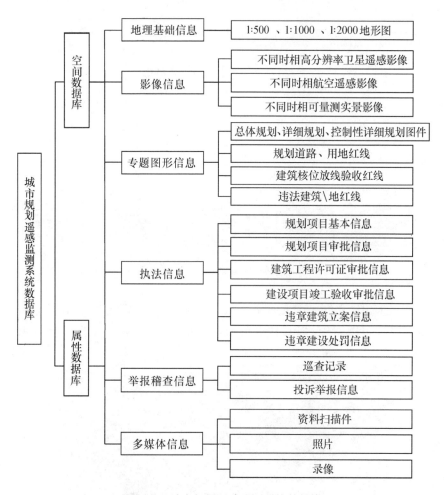

图 15-8 城市规划遥感监测系统数据库

5. 城市规划违法建设监测

经过上面四个步骤的工作,在城市规划动态监测系统里就可以对各种违法建设用地和违法建设项目进行查询、分析、统计等操作,并根据监管结果对城市规划中存在的问题提出意见和建议,指导城市规划等行政管理部门的决策工作,图 15-9 为规划动态监测信息系统逻辑图。

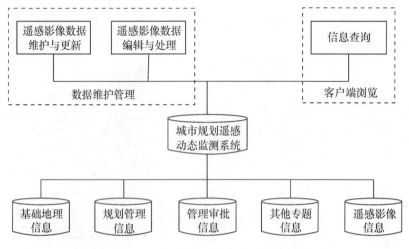

图 15-9　规划动态监测信息系统逻辑图

图 15-10 和图 15-11 所示为城市规划动态监测示例性成果。由监测成果可以看出,抓紧建立城市规划动态监测系统,采用现代技术

图 15-10　规划动态监测信息

手段，加强对城市规划建设情况的动态监管具有重要的现实意义。当前，遥感监测成果在城市规划动态监测、土地变更调查以及辅助土地执法检查中的应用还是初步的，成果应用的深度和广度还有待进一步提高。

图15-11　遥感监测到城市填湖的违法用地情况

第16章
城市环境遥感监测

遥感技术具有快速、准确、大范围和实时地获取资源环境状况及其变化数据的优越性，基本克服了常规方法的缺陷，为城市环境动态监测与分析提供了可靠的信息源。应加强遥感技术在城市环境方面的应用研究，重点建立适合环境保护领域应用的综合多功能型的遥感信息技术。中国在该领域方面的应用还刚刚起步，没有形成系统的技术方法和规范。目前一些部门、单位只进行了零散的研究，不可能形成系统的应用能力，要得到全面的应用必须有一整套技术方法和规范。城市环境监测的内容很多，哪些指标能采用卫星遥感技术进行有效的监测，其最佳监测光谱分辨率、监测时间频率和监测空间分辨率还不是十分清楚，更没有形成实用模型数据库，因此应加快城市环境遥感监测的指标体系和国家环境信息系统的建设。

16.1 城市水资源遥感监测

城市水资源遥感监测主要包括城市湖泊变迁监测、城市水质监测等。前者或者受季节性降雨影响湖泊水位，或者由于城市化影响造成湖泊的减少。后者则主要由于工业、生活废水排入城市周围的水体导致城市的水质受到污染。因此,一方面可利用遥感技术监测水资源总量,另一方面,对城市废水污染可利用多光谱影像进行监测。由于水体污染物种类、浓度不同,使水体颜色、密度、透明度和温度等产生差异,导致水体反射波谱能量的变化,在遥感影像上反映为色调、灰阶、形态、纹理等特征的差别。根据影像信息,一般可以识别污染源、污染范围、面积和浓度。

16.1.1 城市湖泊变迁遥感监测

对湖面比较开阔的水域,可基于中低分辨率遥感影像,直接利用水面和陆地的光谱特性差异,采用边缘检测算子或者面向对象的分割算法,提取出湖泊的边缘,进而确定湖面的变化。图16-1为分辨率为15m的某湖泊卫星遥感影像,采用直接面向对象分割算法,可得到如图16-2所示的湖泊边缘,进一步提取得到如图16-3所示的湖泊矢量信息。

图16-1 分辨率为15m的某湖泊卫星遥感影像

除了城市湖泊外,城市还存在大量的鱼塘和观赏类湖泊水面,相对面积较小,则需要采用更高分辨率的卫星遥感影像或航空影像来

图 16-2　基于面向对象分割算法得到的湖泊边缘

图 16-3　提取到的城市湖泊边缘（水涯线）

监测其变化。例如,基于图 16-4 所示的城市 QuickBird 卫星影像,采用面向对象的分类后提取方法,经过图 16-5 所示的预分割后,合并同类项得到如图 16-6 所示的结果,因此可得到如图 16-7 所示的分类结果,进而提取到图 16-8 所示的湖泊边界。

图 16-4　武汉城区包含 5 个鱼塘的 QuickBird 影像数据

图 16-5　自动预分割尺度为 30 时的预分割结果

图 16-6　同类合并后的结果

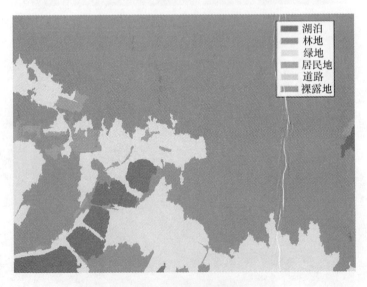

图 16-7　分类结果

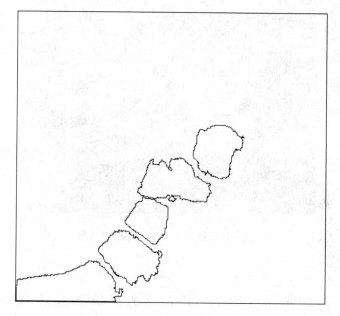

图 16-8　所示的湖泊边界

16.1.2　城市水质遥感监测

　　水环境监测是水资源管理必不可少的组成部分,特别是在水资源越来越紧张的今天,城市用水环境的恶化,包括水面减少、水域污染等问题已经成为人们关注的焦点,图 16-9 为太湖蓝藻的人工打捞情景。目前水环境的监测方法主要以物理化学监测技术为主,这类方法需要专门的仪器和实地的数据、样本采集,耗费的成本比较高。随着遥感技术的进一步成熟,利用新兴的遥感技术开展城市水环境的监测已经成为可能。通过对水环境中污染物及污染因素进行遥感监测,评价污染物产生的原因及污染途径,对水污染问题进行鉴别和评估,可为防治城市水资源污染提供技术支持。

　　目前在水体监测中所使用的遥感影像主要包括多光谱遥感数据和高光谱遥感数据。

图 16-9　环保部门人工打捞太湖蓝藻

1. 多光谱遥感数据

在内陆水体监测中所用的多光谱数据包括 Landsat MS（multispectral scanner）、TM（thematic mapper）、SPOT HRV（high resolution visible）、IRS-1C（indian remote sensing satellite 1C）、NOAA/AVHRR（advanced very high resolution radiometer）等数据。例如，基于 TM 影像，研究针对水质叶绿素、悬浮物、透明度和黄色物质的监测都取得了较理想的结果。

2. 高光谱遥感数据

现有的高光谱传感器主要有成像光谱仪和非成像光谱仪两种，成像光谱仪可以为每个像元提供数百个窄波段光谱信息，能产生一条完整而连续的光谱曲线，用此类数据可以进行水体水质参数的反演。地面非成像光谱仪在内陆水体水质监测中主要用来在野外或实验室测量水体的光谱反射曲线，同时也用于机载成像光谱仪量测水质参数的表面校准。

水质反演的方法有多种，一些研究根据水体色调的不同对水质状况进行定性分类、分级。更为常见的水质反演方法为经验统计法，即直接建立水质指标同遥感信息之间的统计关系，对水质指标进行估算，根据水体及其组分的光谱特征，采用统计学方法分析遥感信息和与实测信息的相关关系。图16-10是其流程图。

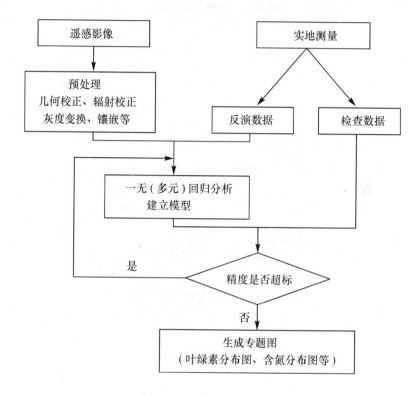

图 16-10 水质监测流程图

利用这个框架模型,对不同的水质参数建立不同的遥感模型,比如说水体的泥沙含量、叶绿素浓度、含氮量等指标,都可以采取此类方法。

水体及其污染物质的光谱特性是利用遥感信息进行水质监测与评价的依据。遥感技术在城市水质监测中的应用主要包括以下几个方面。

1. 水体富营养化监测

当水体出现富营养化时,由于浮游植物中的叶绿素对近红外光具有明显的"陡坡效应",因此这种水体兼有水体和植物的光谱特征。在彩色红外图像上,呈现红褐色或紫红色。通过3月份至5月份对武汉地区部分水体的观察和采样得到的波谱曲线,如图 16-11 所示,反映出富营养化对水体的波谱的影响。

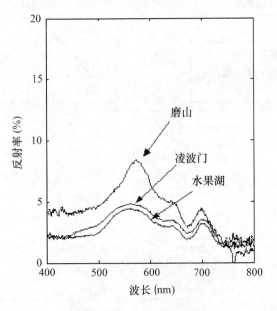

图 16-11 湖泊水的波谱曲线

2. 泥沙污染监测

水体中泥沙含量增加使水反射率提高。随着水中悬浮泥沙浓度的增加及悬粒径的增加,水体反射量逐渐增加,反射峰亦随之向长波方向移动,即红移。又由于水体在 $0.93\sim1.13\mu m$ 附近对红外辐射吸收强烈,所以反射通量降低和受水分瑞利散射效应干扰,不适宜作为悬浮泥沙浓度监测的判定波段。定量判读悬浮泥沙浓度的最佳波段应在 $0.65\sim0.85\mu m$ 之间。图 16-12 为三峡坝区冲沙时含有大量泥沙的 QuickBird 卫星影像。

3. 废水污染和水体热污染监测

废水污染一般用多光谱合成图像进行监测。水体热污染大多是由从工厂中排出的热水造成的。它不仅危及水体中的生物,也影响农作物的生长。热污染用热红外传感器很容易探测到。其图像可显

图 16-12 三峡坝区冲沙时含有大量泥沙的 QuickBird 卫星影像

示出热污染排放、流向和温度分布的情形。对图像进行伪彩色密度分割可绘制等温线,测出水中温度分布。

与常规方法相比,利用遥感技术进行水资源监测的优点是多方面的:

首先它可以快速进行大范围、立体性的环境监测,可以从整体上进行研究,从而克服了地面单点采集的局限性及视野的阻隔。其次,由于遥感技术应用了现代的飞行工具,它可以高速地获得图像和数据资料,具有信息量广、效率高的优点。第三,遥感适用于人们无法进行常规监测、地面工作难以进行的地区。第四,利用遥感技术对一个地区反复成像,可取得最新的、精确的环境动态变化资料,周期性地对大范围的环境动态进行监测,从而实现对水污染的分布、扩散情况的跟踪监测。来自中国七大流域监测站的数据显示,44%的河流已受到污染。中国石油吉林石化公司爆炸事故发生后,监测发现苯类污染物流入第二松花江,造成水质污染。图16-13为2005年11月航摄的受污染的松花江。

图16-13　2005年11月航摄的受污染的松花江

马跃良(2003)等运用遥感技术对珠江广州河段水环境质量中的水质污染进行了监测应用研究,并建立了水质污染预测遥感模型,研究结果表明:TM数据图像的灰度值与水质污染参数有密切的相关关系,尤其TM可见光波段能正确地反映出水质的污染状况。何隆华(2005)等通过NOAA/AVHRR气象卫星测定绿度、温度和透明度三类数据,可完整地识别不同水体的水质变化,采用气象卫星的复合比值合成图像和色调—饱和度—明度变换技术,能有效地反映长江三角洲主要水体的水质污染情况,其研究结果反映了长江三角洲全区主要水体水质的宏观分布,为水质污染的宏观监测提供了依据,表明气象卫星在以水质研究为主的环境遥感中的优越性。

水体及其污染物的光谱特性是利用遥感信息进行水质监测与评价的理论依据,随着遥感技术的不断提高,遥感监测水质从定性发展到定量,许多学者开展了用遥感的方法估算水体污染的各种水质参数,从而监测水质的变化情况。在水污染监测方面,我国先后对海河、渤海湾、蓟运河、大连河、长春南湖、于桥水库、珠江、苏南大运河等大型水体进行了遥感监测,研究了有机物污染、油污染、富营养化等。朱小鸽等对最近 25 年珠江口水环境的遥感监测进行了研究,根据 Landsat 卫星在最近 25 年间的图像信息,显示出珠江口与香港周围海域混浊水域不断扩大的趋势,揭示出多种因素叠加带来的海洋恶化的深层原因。王学军等利用遥感信息和有限的实地监测数据建立了太湖水质参数预测模型,用于太湖水质污染的预测、分析和评价,能较好地反映水质的空间分布特征,尤其适合于大范围水域的快速监测。在水库水体富营养化研究方面,台湾大学陈克胜等曾利用陆地卫星的 TM 数据进行水库的营养状态评价。

在实际的应用中,对水体的监测取得较好的效果。图 16-14 是雷坤等人利用中巴资源卫星数据对太湖水质监测的结果图。

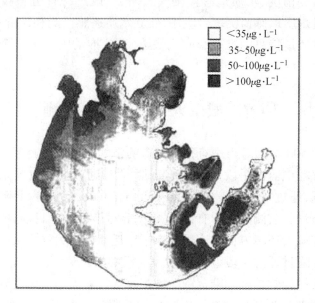

图 16-14　2002-9-16 太湖表层水体叶绿素 a 浓度估算值(雷坤,2002)

根据其结果分析,监测结果与实地考察有一点出入,有将水质较好而水生植物茂盛的水域误判为严重污染的水域的误判情况发生,究其原因是建立模型时没有考虑该区域的特殊情况。

利用回归分析的方法建立的关于遥感信息和水质参数之间的回

归模型对特定的水域才适用,同一套参数移植到其他的水域中可能就得不到理想的效果,这是需要改进的地方,目前对这方面的研究是建立一套可以普遍适用的模型,这样便可以省去实地数据采集等耗时耗财的步骤,对遥感应用的推广大有裨益。在技术没达到这一步的情况下,应同时注重地面监测、现场考察和遥感影像的分析及多源信息的综合分析,才能得到可靠的结论。

遥感技术在水体水质监测中的应用展示了水质遥感监测方法巨大的应用潜力和常规监测方法所不具有的优势,随着传感器技术的迅速发展,高分辨率、高光谱和多极化遥感数据将成为主流遥感信息源,为遥感走向微观定量水质监测提供了数据保证。水质遥感监测今后的研究将主要集中在水安全定量遥感监测体系的建立、提高水质遥感监测精度、水质遥感监测模型研究、改进统计分析技术等方面。通过水质遥感监测综合应用,建立水质遥感监测和评价系统,实现水环境质量信息的准确、动态、快速发布,推动国家水安全预警系统建设。

16.2 城市大气污染遥感监测

中国 500 个大城市中有很多城市的空气污染指标超标。常规的城市大气环境监测手段是采用地面监测点,通过分析仪器采样监测点的数据,通过空气污染指数(air pollution index, API)来评价城市大气环境质量。监测的指标有 NO_2、SO_2 等污染气体。目前,国内外遥感技术在城市环境方面的应用越来越广泛。城市大气污染的遥感监测主要是通过遥感手段调查产生大气污染的污染源的分布、污染源周围的污染物的扩散影响范围。城市大气污染遥感监测主要包括城市大气污染源监测和大气污染物扩散规律的研究。一方面,遥感可观测到大气中气溶胶类型及其含量、分布与大气微量气体的铅垂分布;另一方面,可通过城市的植物对大气环境的指示作用来对城市大气环境质量进行判别,利用地物的波谱测试数据、彩色红外遥感图像及少量常规大气监测数据,获取关于城市大气环境质量的基本数据,并建立城市大气污染的评价模型。

应用于大气环境监测的电磁波谱主要是近紫外线到红外线范围（0.4~25μm），以及微波范围（10~200GHz）。用于大气监测的遥感技术种类较多，一般有相关光谱技术、激光雷达技术及热红外扫描技术。

相关光谱技术基于光的吸收原理，受监测气体选择吸收特定波长的光后，按光强衰减程度来推算对象气体物的浓度。相关光谱系统采用的吸收光限于紫外光和可见光。在遥测中，需要在自然光充分的条件下，利用地表之上漫射光所会聚的光源。相关光谱系统装备在汽车或直升机上，目前适用的污染物多为 NO、NO_2、SO_2。监测这3种污染物组分的实际工作波长范围分别是 NO 为 195~230nm，NO_2 为 420~450nm，SO_2 为 250~310nm。

近期运用激光对大气污染进行遥感的技术发展很快，主要是因为激光雷达是一种主动遥感技术。激光具有单色性好、高度方向性和能量集中等优点，使得根据激光原理制作的传感器具有很高的灵敏度和良好的分辨率。激光脉冲射入环境监测对象介质后，首先因发生散射作用而衰减。射向大气的激光束遭遇气态分子时，可能发生瑞利散射和拉曼散射。散射作用在大气遥感中占有相当重要的地位，主动探测系统多是基于这种作用机制而制造的。

红外激光—荧光遥感器可用于监测大气中 NO_2、CO、CO_2、SO_2、O_3 等污染物及其浓度，其监测频率在可见光至紫外光区域，根据荧光波长和强度可分别作定性和定量监测。图 16-15 为武汉大学郑贵林教授研发的地面组网环境监测系统。基于自组网技术的地面大气遥感传感网能自动地获取连续测量的大气环境参数。

大气污染的不同程度、不同种类会使遥感信息产生一定的失真，通过对这种失真的研究，可建立城市环境污染的遥感评估模型。利用地物的波谱测试数据、彩色红外遥感图像及少量常规大气监测数据，可获取关于城市大气环境质量的基本数据。利用遥感图像作为基本资料，可以对城市有害气体进行监测。根据监测结果，可对城市污染源、污染扩散影响、污染程度等进行分析研究，以确定影响城市大气环境质量的主导因素，根据城市可持续发展的要求，对相应的污染源进行整治和改善，采取措施治理大气污染。

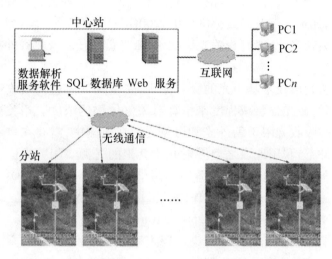

图 16-15　武汉大学郑贵林教授研发的地面组网环境监测系统

大气中的气溶胶即烟雾、尘暴等悬浮于大气中的污染物,是影响大气质量的主要因素,它们在图像上会反映出其分布特征。大气的气溶胶浓度不同,图像色调也不同。浓度大,其散射、反射率大,影像呈白色;反之,呈灰色。同时,结合大气取样监测分析,可鉴别出其主要污染物、颗粒物数目及其分布空间。根据多期监测,可获取大气污染的时空分布与变化规律。例如,NO_X、SO_2 的图像灰度信息在 TM1、TM3 图像中均有明显的反映,排入大气的 SO_2 很少单独存在于大气中,往往与大气中颗粒物结合在一起,这些颗粒物会对光波产生散射,在其遥感图像上显示为灰暗、模糊影像特征。同时,也能从高分辨率图像上判别出城市烟囱,然后反映烟雾的污染范围与程度。

通过对遥感图像的分析,可获取可靠的大气污染资料。可见,遥感信息在城市环境动态监测方面具有其他类型数据所无法代替的优越性。同时,遥感监测应用日益广泛,遥感监测的项目增多、分辨率提高、解译性能增强,遥感监测将成为城市大气环境监测的主要手段。图 16-16 为国家减灾中心利用 NOAA/AVHRR 卫星影像监测到的大雾天气。

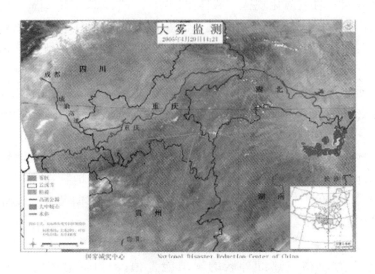

图 16-16　国家减灾中心监测大雾天气(2005 年产品汇编,民政部国家减灾中心)

16.3　城市热岛效应遥感监测

城市热岛是城市化气候效应的主要特征之一,是城市化对气候影响的最典型的表现。目前研究城市热岛效应的角度主要有以下三个方面:

(1)从气象学角度的研究,包括利用气象模型进行的研究、热岛与大气污染之间的关系、热岛与城市植被的关系等。

(2)从建筑学的角度,研究建筑与热岛效应之间的关系。

(3)从遥感的角度,基于温度的城市热岛监测方法来研究城市热岛效应。

田平(2006)等人以 ETM + 遥感影像作为数据源,提取杭州市区地表亮温和 NDVI 数据,然后利用监督分类等方法,得出杭州市区热岛强度与 NDVI 之间的定量关系模型,较好地反映了该区域热岛效应和植被覆盖指数的关系。许军强(2007)等人借助不同时相的 TM/ETM + 遥感影像,通过计算其亮温变化,研究了长春市近 12 年热岛效应的时空演化规律。武佳卫(2007)等人以 TM 和 ETM+ 遥感影像作为数据源,反演上海市地表温度,以此来分析上海城市热岛扩展的时空演变格局,揭示出地表温度与植被覆盖具有强烈的负相关关系,植被分布面积的增加对城市热岛强度的降低具有积极作用。

遥感是用传感器接收地物反射辐射或发射辐射的能量,研究城市热岛效应一般选用热红外扫描影像,在陆地卫星遥感使用的 $10.4 \sim 12.5 \mu m$ 热红外波段中,太阳辐射能量很小,绝大部分能量来自大地辐射。尤其在白天,热红外波段遥感所对应的只有大地热辐射,太阳辐射的反射可忽略不计。它主要反映的是地物在热红外区的辐射能量值,地物的辐射能量与温度的关系可由斯蒂芬—玻耳兹曼定律表示为:

$$W = \varepsilon \sigma T^4 \tag{16-1}$$

其中:W 为地物在热红外区的辐射能量值;ε 为辐射体的发射率($\leqslant 1$),σ 为斯蒂芬—玻耳兹曼常数,T 为地物的热力学温度(K)。

亮温和地温密切相关,而气温又主要来自地面的长波辐射,所以亮温、地温和气温三者是密切相关的。一般认为,三者之间可以相互换算,这便是利用遥感影像进行热岛效应监测的理论基础,实际应用中由于城市范围不大,有时也可以直接利用亮温表征城市热岛,称为城市亮温热岛,用亮温对城市下垫面热场分布作对比研究,具有简便易行、速度快、资料同步、点位密集等优点。

利用遥感图像模拟城市温度的主要思路为:首先,建立亮温计算模式,将热红外图像的灰度值转变为亮温(辐射温度)数据,再通过一定的回归分析模式,将亮温转化为地面的气温,最后应用图像处理的方法,将图像所表达的热红外信息用符合视觉感受的颜色序列表达出来。计算亮温之前,通常会采取某些图像处理手段对热红外图像进行处理,以便得到较好的处理效果。

利用热红外波段反演地面亮温时,实际中会有一定的误差,这主要与模型中所采用的参数有关,比如说地物的 ε 值随着地物材料的不同会有所差异,但是实际的测量又比较困难。为使反演的地面热场更加精确,目前一般采取热红外波段数据加入其他辅助数据,并且改进反演模型,将诸如人工神经网络等新算法引入反演流程,以提高其精度。此类方法的基本框架见图 16-17。

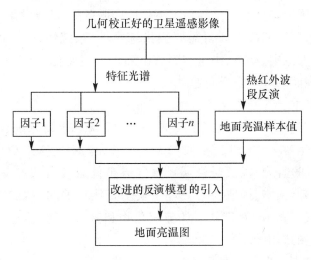

图 16-17 反演地温流程图

基于遥感影像亮温图，一般可得到热岛效应的时空分布规律：城区温度高于郊区，建成区为高温区；按功能分区的城市温度分布规律为：工业区 > 居住区 > 植被区 > 水域。

16.4 面向服务架构的城市生态环境遥感监测网

遥感对地观测技术可监测城市环境的生态功能、生态效应、生物量、生态稳定性及其生态变化特征与趋势，进行监测与评估，促进生态系统的良性发展。利用天—空—地传感网，构建一个城市实时环境参数采集和监测系统，满足城市实时环境参数获取、环境监测、领导环保决策的多重需求。

城市大气环境中总悬浮颗粒物浓度普遍超标，北京是世界上污染最严重的首都之一，每年中国有 35 万人因大气污染就诊，二氧化硫污染保持在较高水平，我国一半城市以上遭遇酸雨。

城市多个部门都在监测城市环境，城市领导都需要城市环境方面的各类参数,因此产生了水质监测、城市智能交通监测、城市大气污染监测等。各类监测系统目前都无法很好地提供辅助决策的功能,主要原因是目前建立的系统不是面向服务的,缺乏共享机制。

城市环境的综合评价需要提供综合性、系统性、区域性同步信息,提供大范围、动态、快速监测城市陆表环境变化,包括大气、水体和陆地表面的环境安全问题。

1. 城市大气生态环境监测

内容包括:对地表温度的观测,对云层、水汽和降水的数据共享,对大气气溶胶(如沙尘气溶胶和 VOC 等)和温室气体如 CO、CO_2,甲烷(CH_4)的监测,以及对极端天气气候事件及其自然灾害的监测。通过传感器网络,提取与大气环境安全直接相关的主要参数(有细粒度大气气溶胶,有害气体如硫氧化物和氮氧化物、沙尘暴等),测得其确定的影响效应。

2. 城市水生态环境监测

内容包括:采样分析、城市工厂排放监测、湖泊河流水质污染等,实现真正意义上的水环境安全传感器网监测,开展多平台传感器数据同化研究、多种算法的综合应用探索是未来发展的必然趋势。目前遥感能直接监测的水环境参数主要有水温、叶绿素、悬浮泥沙、黄色物质等。由于大气水体条件本身的复杂性,各个水环境参数的交互耦合影响,可进一步监测溶解氧饱和度、日生化需氧量、叶绿素浓度、营养盐特别是氮磷硅等要素、水体浑浊度、悬浮泥沙浓度、溶解有机质(黄色物质)等,为水生态环境安全问题的监测与预报提供支持。

3. 城市地表面生态环境监测

内容包括城市绿地分布、城市功能分区等静态规划信息,也包括城市交通流量等动态信息。

有了以上多方面的需求,客观上需要一个面向服务的城市环境监测系统,能把环保、水务、气象、交通、规划等多领域的需求在面向服务架构下,通过传感器网络把各种观测数据会聚到统一的数据中心注册,各行各业共享相关专题数据,挖掘面向专题或综合的深层次应用,作者将之称为面向服务架构的城市生态环境遥感监测网,如图16-18所示。有了这个环境监测网,我们就可以全面监测环境,了解环境的变化情况和变化规律。

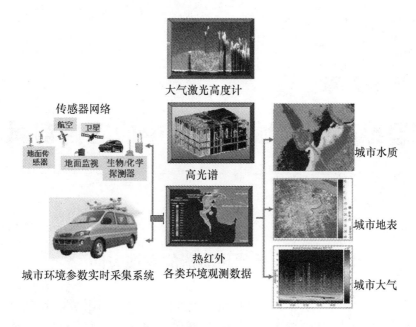

图 16-18　面向服务架构的城市环境监测服务

第17章
遥感在未来城市发展中的应用前景

17.1 遥感传感器的发展方向

20世纪末,针对全球性的研究蓬勃展开,以美国、欧洲航空局、加拿大、日本、俄罗斯等为代表的发达国家纷纷推出大型空间对地观测计划。美国联合各国推出了跨世纪的EOS计划,加拿大实施了Radarsat计划,欧洲航空局进行了ERS系列计划,美国和俄罗斯联合实施了空间站计划。日本也先后推出了JERS计划和ADEOS计划,中国开展了跨世纪航天工程。这些大型计划的实施必将大大促进卫星遥感技术的发展。同时由于各国的参与,也必将加剧国际卫星遥感技术的竞争。随着传感器研制日益深入,分辨率日益多样化,传感器波段日益细化,传感器日益专业化,应用领域日益广阔。遥感传感器的具体发展趋势如下:

(1) 增加了应用波谱段。
(2) 提高了地面空间分辨率。
(3) 具有获得立体像对的功能,打破了只有航空像片才有立体像对的能力。

(4) 改进了探测器性能及探测器器件,即线阵、面阵 CCD 器件。
(5) 提高了图像数据精度。
(6) 传感器出现组网。
(7) 应用领域纵向发展。

通过小卫星群快速获取全球覆盖的高分辨率遥感影像也在许多国家的日程之上。

合成孔径雷达技术向高分辨率和多角度、多极化、多波段的方向发展。成像雷达因其一般是全天候,并能穿过云雾、烟尘及大面积获取地表信息的特点而受到重视,尤其是对于传统的光学传感器成像困难的地区有着特别的意义。例如:美国的 SMTRL 和 LighSAR 均具有多极化、干涉成像能力。

17.2 遥感在城市中的新的应用领域

许多国家目前已完成覆盖全球的基本比例尺地形图的测图计划,但由于经济的迅速发展和自然因素的影响,地表在不断发生变化,因而地图修测成为当前的主要任务。同时各建设部门、科研、教育单位对地形图的精度、内容、形式提出了更高的要求,因此老的地形图就满足不了需要。为适应这种新形势,保持地形图的现势性就显得十分紧迫和重要。地理数据的更新是 GIS 发展的生命力,国际摄影测量与遥感学会第四委员会主席 D. FRITSCH 博士认为,当前 GIS 的核心已从数据生产转为数据更新,数据更新关系着 GIS 的可持续发展。然而地理数据更新的情况却不容乐观,根据联合国测量署的统计,全球 1:5 万和 1:25 万的地图更新周期分别是 50 年和 20 年,这种更新速度显然无法适应现代社会飞速发展的需要。目前全球地形图更新的速度远远落后于其生产的速度。遥感影像(包括航空影像和卫星影像,特别是高分辨率的卫星影像)是目前地图更新主要的也是最有效的数据源。目前利用遥感数据进行地图更新的主要步骤包括:遥感影像和地图的精确配准、变化检测、地物提取和更新检查等。如根据三峡坝区 TM 影像,可以清楚判断出三峡工程进展情况(如图 17-1 所示)。

(a) 三峡大坝（TM 真彩色 1993 年 4 月）　　(b) 三峡大坝（TM 真彩色 2002 年 9 月）

图 17-1　三峡大坝影像

2004 年年初，美国劳动部将地球空间技术和纳米技术与生物技术一起确定为新出现的和正在发展中的三大最重要技术（Virginia Gewin, 2004）。可以预计，城市遥感的应用领域将不仅仅是城市大比例尺地图更新，即利用遥感影像与现有城市地图的叠加比较，找出各类发生变化的地物，将影像上已变化地物的几何位置和属性信息更新到城市地图上，具体包括建筑物、用地、道路、水域、植被等信息的更新。遥感技术在城市的深入应用，已经形成了一个遥感影像获取——遥感影像解译和判读——城市地表信息分类——遥感影像目标提取——城市目标三维重建——遥感影像变化监测的信息链。除此之外，城市遥感在应用领域还有广阔的空间。

城市遥感可参与城市区域发展和减灾防灾。20 世纪末，环境和发展的主题进一步促进了遥感参与区域发展和减灾防灾工作，无论是发展中国家还是发达国家都非常重视遥感在区域发展中的应用。在发展中国家更具有代表性，其对遥感参与区域发展的需求迫切性更加强烈，同时因技术比较落后更表现出开发和应用的积极性。随着社会的发展，自然灾害造成的损失也在增加，遥感在自然灾害的监测和评价上具有快速、准确、及时的优点，将在更多的国家得到应用，并将形成国际上的竞争格局。

城市遥感向实用化、产业化、国际化发展。遥感技术经过近半个世纪的探索和尝试，现在已经在实用化的方向上迈出了重要的一步。

光机扫描遥感仪器的实验成功（它代替了摄像管技术），是空间光学传感器技术发展的转折，它解决了从空间获取可见光和红外这两个重要电磁波段数据的关键技术性问题，也为遥感应用提供了更宽波谱范围内的数据。如 TM 图像数据，虽然从技术发展来看，它已达到自身的性能极限，但在众多的应用领域内，它正在或将在相当长的一段时间内，作为重要的信息源服务于广大遥感用户；另一方面，它也将为进一步探索空间传感器的机理奠定基础。采用大型固体线阵或面阵探测器件（CCD）的推扫式扫描成像光谱技术，将把传感器的性能提高到新的水平，它的成像机理使它的分辨率明显提高，如法国 SPOT 卫星。成像光谱仪技术是未来二十年空间遥感技术发展的中心任务，它所具有的高空间分辨率和精细的光谱分辨率将能满足广大城市发展的需求。

遥感的生命力在于应用实用化，城市遥感应用从实验阶段向实用化的转变将是一个十分艰巨的过程。而这既是遥感研究者一直追寻的目标，也是社会的需要。此外，遥感技术作为高技术具有投入高、经济效益明显的特点。目前，许多先进国家的遥感技术已经走向了商业化并且收到了很好的效益。而遥感因其研究手段、研究对象不同于其他学科和技术，从其诞生之际即具有国际化的特点，随着遥感实用化、商业化的进展，城市遥感的应用研究也走向国际化的合作。

17.3 城市遥感的未来发展方向

未来城市遥感的主要目标是基于卫星组网技术，动态、快速、多平台、多时相、高分辨率地提供对地观测数据，利用多时相遥感数据自动发现地表覆盖的变化趋向。出现了遥感平台的组网、传感器组网、数据组网，在应用层面上也出现了从提供影像地图产品到面向服务架构的影像城市共享服务的新方向。下面分别介绍。

17.3.1 城市遥感平台组网

2003 年 7 月至 2005 年 2 月，由美国、欧盟、中国和南非等 50 多个国家发起一体化全球地球观测系统（GEOSS），经过三次全球对地观测部长级高峰会议讨论通过了 GEOSS 十年行动计划，72 个国家和 46 个国际组织参加，旨在建立一个分布式的一体化全球对地观测系统（GEOSS），构建卫星观测系统的系统，形成天空地传感器一体化组网，联合应对复杂多变的环境安全问题。

服务于城市建设的遥感平台组网如图 17-2 所示。

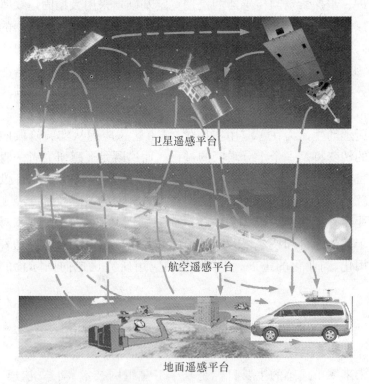

卫星遥感平台

航空遥感平台

地面遥感平台

图 17-2　遥感平台组网框架图

从空间布局来看，城市表现为区域性的特点，城市管理可形成工作流或网络化。若用传统的调查、管理方法，不仅因为大面积调查难以做到实时性，而且也难以保证真实性和准确性。遥感平台的组网实现为城市提供多方位的网络化资源，主要内容包括：

（1）为城市资源管理、动态监测服务的在轨卫星的组网。在天气条件好的情况下,主要以高分辨率光学遥感影像为主,在天气条件恶劣的情况下,卫星遥感中的"星载雷达技术"具有穿透云雨特点,不受天气条件影响。如遇到突发性事件,利用星载雷达可以实时(或准实时)而准确地开展突发性地质灾害调查。

(2)国内卫星和国际商业卫星的虚拟式组网。

(3)实现现有卫星与今后即将发射的卫星的组网。根据现有卫星的分辨率还不能满足城市资源管理、动态监测服务的分辨率要求的现状,探讨现有卫星不能满足要求的方面。

(4)卫星遥感平台、航空遥感平台和地面遥感平台的组网。

17.3.2 城市遥感传感器组网

Nature(vol.440,2006)杂志发表封面论文:2020 Vision,认为观测网将首次大规模地实现实时地获取现实世界的数据,观测网是一个触及现实世界的计算科学,将是下一个科学前沿(见图17-3)。

图17-3 Nature 封面文章描述的传感器网络图

为不同应用目的而设计出的不同的遥感传感器,对城市资源管理、动态监测服务具有不同尺度的探测能力,而信息技术和传感器技术的飞速发展带来了遥感数据源的极大丰富,每天都有数量庞大的不同分辨率的遥感信息,从各种传感器上接收下来。这些高分辨率、高光谱的遥感数据为遥感定量化、动态化、网络化、实用化和产业化及利用遥感数据进行城市资源管理、动态监测服务。

服务于城市资源管理、动态监测服务的传感器组网技术的主要内容包括如下方面（见图17-4）：

（1）不同类型传感器的组网技术。

（2）典型传感器卫星数据的辐射校正和几何纠正处理。

（3）不同类型传感器遥感影像数据的配准。

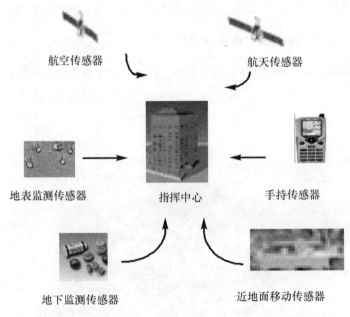

图17-4　服务于城市资源管理、动态监测服务的传感器组网

17.3.3　城市遥感数据组网并实现共享

服务于城市资源管理、动态监测服务的数据组网技术的内容研究主要包括如下方面：

（1）卫星遥感影像、航空遥感影像、地面监测目标数据的组网，建立天级卫星遥感平台和GPS卫星定位系统、空级遥感平台、地面

第17章 遥感在未来城市发展中的应用前景

群测群防监测预警系统兼顾的满足城市资源管理、动态监测服务需求的业务组网技术。

（2）数据层组网技术，研究网格计算环境下如何快速获取分布式存储的数据，如果从组网环境下的分布式存储的海量遥感影像中快速检索到有用的信息。

其技术框架如图 17-5、图 17-6 所示，包括不同源遥感影像数据间的组网和遥感数据与非遥感数据间的组网。

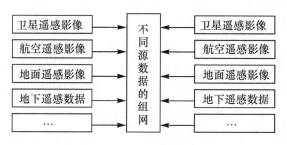

图 17-5　多源遥感影像数据组网

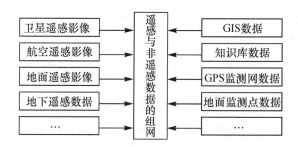

图 17-6　遥感数据与其他数据组网

在数据层组网里面，将群测群防手段的有效性与现代化的通信手段和信息化手段相结合，为城市资源管理、动态监测服务的快速信息获取服务。

最初是利用数字图像处理软件对卫星数字图像进行几何纠正与位置配准，在此基础上采用人机交互方式从遥感影像中获取有关地学信息。这种方法的实质仍然是遥感影像目视判读，它依赖于影像解译人员的解译经验与水平,它在遥感图像解译方法上并没有新突破。

由遥感图像解译的复杂性带来的辅助解译信息的多解性,以及这些地学信息如何与遥感信息结合的问题仍然没有解决。此外,大比例尺 GIS 专题数据库不能覆盖所有研究区域等问题也没有得到很好的解决。目前,遥感信息、地理辅助信息与地质学知识综合的智能化处理与分析,已经形成的数理统计方法、人工神经网络方法和相关空间推理方法也得到了广泛的应用。城市资源管理、动态监测服务是个巨大的系统工程,大量的地面工程是无法用别的手段所替代的。因此,研究结合天际、空际、地面相结合的数据网络,才是现实可行的解决途径。

与强大的用户需求相比,目前的城市网络电子地图的主要缺陷是社会化属性不足、成图周期长、现势性差、信息量不足、垂直摄影方向与人的视线方向不一致、比例尺固定不符合视觉上的近大远小、用户参与量测和挖掘功能不强等。因此,网络电子地图已难以全面满足城市各行业信息化应用的要求,更无法适应当今互联网公众信息服务的要求。第三次 Internet 浪潮下 Web 2.0 理念要求为用户提供的各种服务应具备体验性(experience)、沟通性(communicate)、差异性(variation)、创造性(creativity)和关联性(relation)等特性。对空间信息服务而言,可视是体验性的基础(Google Earth, virtual earth),按需可量测是创造性和差异性的保障,时空可挖掘则为关联性的专业应用提供技术保障。Web 2.0 下空间信息服务需求体系如图 17-7 所示。

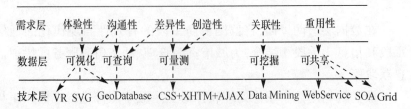

图 17-7 Web 2.0 空间信息服务需求

第17章 遥感在未来城市发展中的应用前景

城市各种影像正好弥补了网络电子地图的不足,可直接向公安、市政、交通、导航、LBS 等行业提供满足需要的高精度的地图数据、全要素信息以及厘米级分辨率的影像数据,这种"可视、可量、可挖掘"的近景影像数据即被称为可量测的实景影像,它与网络电子地图产品相结合,则可搭建一个以正射影像和实景影像为主要共享数据源的"影像城市"共享平台。基于空间信息网格的服务平台可有效地融合集成 Web 2.0 技术(如 Ajax),为用户提供互动的沟通服务。

空间信息服务较之地理信息系统的一个重要进步就是从简单提供数据到提供服务,即能针对不同需求的用户提供个性化的解决方案。正射影像和实景影像为代表的影像产品正契合空间信息服务的这一要求。以实景影像为例,实景影像是由 3S 集成的移动测量系统获得的,每张像片的外方位元素则由车载 GPS/INS 系统自动测定,将这些数据连同立体相对前方交会算法一起放在网上,任何终端上的用户即可按自己的需要进行量算和解译。其主要优势体现在以下三个方面:

(1)实景影像上可能提供城市景观的立面图像信息,这些可视、可量测和可挖掘的自然和社会信息能够弥补 4D 影像中不能包含的大量细节信息,提高空间信息服务数据源的信息量,提供更多更新的服务内容。

(2)实景影像是聚焦服务、按需测量的产物,能满足社会化行业用户对信息的需求,可以在传统的 4D 产品与用户需求之间的鸿沟间起到桥梁作用。

(3)实景影像采集工期短,操作简便,数据更新快,具有很强的现势性,可有效提高空间信息服务的准确性。

面向服务架构(service-oriented architecture,SOA)以"服务"为粒度来满足各种需求,这些服务可以被远程的动态注册、发现与调用,还可被动态地组合与编配在一起形成服务链。它的特点是根据业务逻辑对服务进行了不同粒度的封装,且服务的使用者可根据需求动态地发现和使用所需服务。

SOA 是一种松散耦合的软件体系结构,在这种体系结构中,由各自独立可复用的服务去构成系统功能,这些服务向外公布有意义明确的接口,面向服务的集成(service-oriented integration,SOI)将传统的集成对象与开放的、高灵活性的 Web Services 整合在一起,是通过对这些实现透明的接口的调用来完成的,其体系结构如图 17-8 所示。

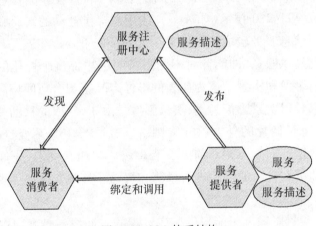

图 17-8　SOA 体系结构

在面向服务的体系结构中主要有三种角色:

服务消费者是需要使用服务的应用程序或其他的服务,通过对注册中心的服务进行查询后,根据接口说明信息并使用某种传输协议与服务,绑定并执行服务功能。

服务提供者是创建服务的实体,可以从服务消费者处接受请求并可以远程执行所请求服务,通过向注册中心发布服务接口信息以供服务消费者发现和访问服务。

服务注册中心处于中心位置,提供了展示服务的功能,服务消费者通过查询存储有服务信息库的注册中心,以找到感兴趣服务的接口信息。

面向服务的共享与面向数据的共享有着显著的区别,如表 17-1 所示。

表 17-1 面向空间数据的共享与面向空间信息服务的共享的比较

比较项	面向空间数据的共享	面向空间信息服务的共享
成果形式	不同尺度数据	不同粒度的服务
调用接口	数据接口	标准化服务协议
数据更新方式	定期更新	动态的连续的大众化的按需更新
共享实现方式	数据格式的转换	不同粒度的服务
对操作者的要求	专业的有经验的人员	专业人员和大众共同参与
安全性	数据加密	按合约提供服务内容、服务形式和服务质量
使用的灵活性	数据搜索的被动性	可注册性与可发现性(推拉式)
集成和互操作性	难以进行互操作	CORBA、DCOM、EJB 都可以通过标准的协议进行互操作

当前,数字城市共享服务从单纯的符号、文字和二维地图上升到三维、航空和地面多视角等多维位置服务,地理空间信息服务数据正朝着"大信息量"、"高精度"、"可视化"方向发展,对数据的生产、加工、服务内容和更新手段提出了新的挑战。国外网络地图服务产品包括:Google Earth,MSN Virtual Earth,Yahoo SmartView 等,它们都开始提供影像地图服务。影像城市共享平台的建设成为数字城市建设后的新的迫切需求。

17.3.4 从影像地图产品到面向服务架构的影像城市共享服务

基于 SOA 框架,作者设计了面向服务的影像城市共享平台层次架构,如图 17-9 所示。

1. 网络服务层

将安全、网络、通信、远程管理方面的功能在注册中心注册为服务,保证系统的安全性及良好的用户权限与授权管理。提供用户验证、数据传输加密、权限管理、系统监控、网络安全等方面的安全保障服务功能。

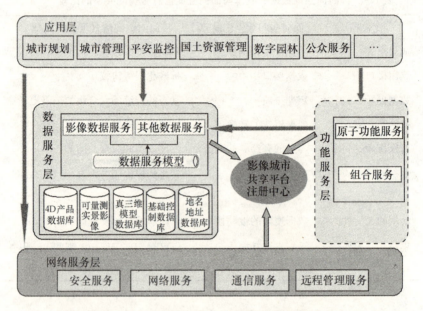

图 17-9 面向服务的影像城市共享平台层次架构

2. 数据服务层

把城市的基础空间数据如 4D 产品、可量测实景影像、三维模型、基础控制数据和地名地址数据按照各自的数据模型在影像城市共享平台的注册中心注册,提供数据服务。同时,也将综合市情数据、城市规划等政务专题数据、统计信息数据、重点项目数据、辅助决策规则、应急数据等其他数据进行注册。

3. 功能服务层

平台既提供单一的原子服务功能,如监督、统计、查询、显示、评价等功能,也提供基于原子服务的组合服务(服务链),如指挥调度、综合评价等。

4. 应用层

城市规划、管理、公安、国土、园林等行业部门基于该共享平台开展电子政务应用,公众基于该共享平台开展面向公众的服务。

基于 SOA 架构,影像城市共享平台服务的服务实现机制体现了三种角色,如图 17-10 所示。

(1) 城市各类数据的生产者和维护者,根据数据服务协议向注册中心发布服务接口信息;所有功能服务提供者向注册中心发布并申请注册功能服务。

(2) 服务注册中心受理数据和功能服务申请,并通过目录服务发布所有服务信息。

(3) 整个城市的行业用户和公众作为消费者,通过对注册中心的目录服务进行查询后,根据接口说明信息并使用某种传输协议与服务绑定并享受服务。

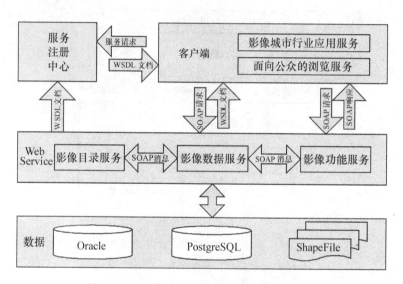

图 17-10　影像城市共享平台的服务实现机制

影像城市共享平台数据服务流程是反馈式的,也分为三个层次,如图 17-11 所示。

(1) 在网络上将传感器、计算资源、网络资源、处理软件、空间数据进行注册,并根据用户对数据的需求,查询数据服务注册中心的目录服务。若发现满足要求的数据,则返回结果并申请绑定该服务。

(2) 若注册中心的存档数据不能满足服务,则通过数据处理服务实现空间数据在线定制化加工处理。

(3)若以上两个步骤还不能满足要求,如应急指挥、地震灾害等突发事件,则借助天、空、地各类传感器,按需要对城市的空间数据进行实时获取或更新,并借助卫星通信、数据中继网,地面有线与无线计算机通信网络组成的天地一体化信息网络,实现从传感器直到应用服务端的无缝交链。

影像城市共享平台通过以上三种方式对各类不同用户提供空间信息灵性服务,将最有用的信息,以最快的速度和最便捷的方式送给最需要的用户。

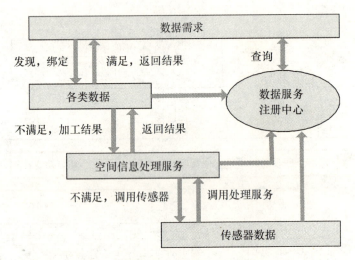

图 17-11　影像城市共享平台数据服务流程

影像城市共享平台功能服务模型如图 17-12 所示。

以影像泰州为例,生成的泰州市正射影像产品在注册中心注册,为泰州市各行业提供正射影像服务,如图 17-13 所示。

类似的影像泰州共享平台还提供了建筑物三维模型数据服务,支持城市规划和导航,图 17-14 为访问数据注册中心获得的泰州市电视塔三维模型数据服务。

该平台同时提供了真三维模型数据服务,图 17-15 为访问注册中心获得的泰州市人民公园真三维模型数据服务。

第17章 遥感在未来城市发展中的应用前景　257

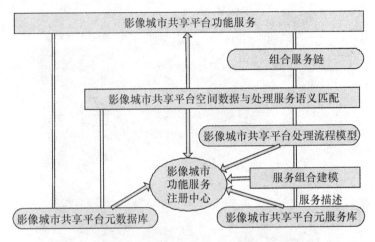

图 17-12　影像城市共享平台功能服务模型

图 17-13　SWDC-4 数字航摄系统获取的泰州市影像

按照数据服务流程,在注册中心注册后,可面向泰州市所有公众提供实景影像数据服务,如图 17-16 所示。

图 17-14　泰州市电视塔三维模型数据服务

图 17-15　泰州市人民公园真三维模型数据服务

影像城市共享平台,面向政府和行业用户,提供基于电子政务网络的影像城市数据服务和功能服务;面向泰州市公众用户,提供基于互联网的数据服务和功能服务。图 17-17 为面向公众服务的影像泰州共享平台查询服务功能界面。

第17章 遥感在未来城市发展中的应用前景　259

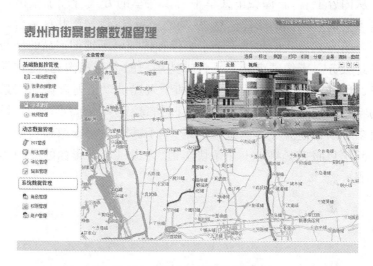

图 17-16　泰州市实景影像数据服务

图 17-17　影像泰州共享平台查询服务功能

从内容上看,影像城市共享平台以共享的方式管理了城市可视可量可查询可挖掘的影像信息;从功能上看,影像城市共享平台以面向服务的方式为我们提供了基于影像和传统电子地图产品的城市空间信息服务。影像城市共享平台支持用户的参与和沟通,提供灵性服务,可为城市的政府、行业、企业和个人提供以正射影像和实景影像为特色的空间信息服务。随着空间信息社会化的不断深入,目前已有多个国家建立了影像城市网站,基于城市正射影像和实景影像的空间信息服务必将走上一条快车道,为提供基于影像的空间信息共享服务。

参 考 文 献

[1] 李德仁,周月琴,金为铣.摄影测量原理与遥感概论.北京:测绘出版社,2001.
[2] 宁津生,陈俊勇,李德仁,刘经南,张祖勋等编著.测绘学概论.武汉:武汉大学出版社,2004.
[3] 孙天纵,周坚华.城市遥感.上海:上海科学技术出版社,1995.
[4] 詹庆明,肖映辉.城市遥感技术.武汉:武汉测绘科技大学出版社,1999.
[5] 周成虎,骆剑承,刘庆生.遥感影像地学理解与分析.北京:科学出版社,1999.
[6] 梅安新,彭望琭等.遥感导论.北京:高等教育出版社,2001.
[7] 卓宝熙.工程地质遥感图像典型图谱.北京:科学出版社,1999.
[8] 朱述龙,张占睦.遥感图像获取与分析.北京:科学出版社,2000.
[9] 陈钦峦等编.遥感与像片判读.北京:高等教育出版社,1989.
[10] 常庆瑞等编著.遥感技术导论.北京:科学出版社,2004.
[11] 李树楷.遥感时空信息集成技术及其应用.北京:科学出版社,2003.
[12] 张良培,张立福.高光谱遥感.武汉:武汉大学出版社,2005.

[13] 孙家抦,舒宁,关泽群. 遥感原理、方法与应用(修订二版). 北京:测绘出版社,1999.

[14] 赵丽丽,赵云升,张建辉等. 基于 ETM + 的深圳市绿地信息提取方法研究. 遥感技术与应用,2005,20(6):596-600.

[15] 田平,田光明,王飞儿等. 基于 TM 影像的城市热岛效应和植被覆盖指数关系研究. 科技通报,2006,5(22):708-713.

[16] 许军强,刘嘉宜,邢立新等. 长春市热岛效应的时空演变研究. 环境保护科学,2007,3(33):8-10.

[17] 武佳卫,徐建华,谈文琦. 上海城市热场与植被覆盖的关系研究. 遥感技术与应用,2007,1(22):26-30.

[18] 马跃良,王云鹏,贾桂梅. 珠江广州河段水体污染的遥感监测应用研究. 重庆环境科学,2003,3(25):13-16.

[19] 何隆华,杨金根. 长江三角洲主要水体水质污染的遥感研究. 水产学报,2005,2(29):173-177.

[20] 贾文珏,周舟. 国土资源空间数据共享模式研究. 信息技术,2007,01:22-25.

[21] 李德仁,邵振峰. 论新地理信息时代. 中国科学 F 辑:信息科学,2009,39(6):579-587.

[22] 李德仁,胡庆武. 基于可量测实景影像的空间信息服务,武汉大学学报(信息科学版). 2007,32(5):377-380.

[23] 李德仁. 论可量测实景影像的概念和应用,测绘科学. 2007,32(4):5-7.

[24] 李德仁,胡庆武,郭晟,陈智勇. 移动道路测量系统及其在科技奥运中的应用. 科学通报,2009,54(3):312-320.

[25] 孙开敏. 2008. 基于对象的地面目标变化检测(博士论文). 武汉大学.

[26] 舒宁. 关于遥感影像处理分析的理论与方法之若干问题. 武汉大学学报(信息科学版),2007,32(11):1007-1010.

[27] 李德仁. 利用遥感影像进行变化检测. 武汉大学学报(信息科学版),2003,28(5):7-12.

[28] Thomas M. Lillesand, Ralph W. Kiefer. 遥感与图像解译. 北

京:电子工业出版社,2003.

[29] [美] John R. Jensen 著;陈晓玲等译. 遥感数字影像处理导论. 北京:机械工业出版社,2007.

[30] 徐希孺. 遥感物理. 北京:北京大学出版社,2005.

[31] 赵英时等. 遥感应用分析原理与方法. 北京:科学出版社, 2003.

[32] 徐青. 遥感影像融合与分辨率增强技术. 北京:科学出版社, 2007.

[33] [美] Thomas M. Lillesand, Ralph W. Kiefer 著;彭望琭译. 遥感与图像解译. 北京:电子工业出版社,2003.

[34] Sabins Floyd F. Remote sensing:principles and interpretation. San Francisco:W. H. Freeman,1978.

[35] Watson Kenneth. Remote sensing. Tulsa, Okla.:Society of Exploration Geophysicists,1983.

[36] Hord R. Michael. Remote sensing:methods and applications. New York:Wiley,1986.

[37] Meer, Freek van der. Imaging spectrometry:basic principles and prospective applications. Dordrecht; ston:Kluwer Academic Publishers,2001.

[38] Gutman Garik. Land change science:observing, monitoring and understanding trajectories of change on the Earth's surface. Dordrecht;ndon:Kluwer Academic Publishers,2004.

[39] Eden M J. Remote sensing and tropical land management. New York:J. Wiley,1986.

[40] Chen C H. Frontiers of remote sensing information processing. River Edge, NJ;ngapore:World Scientific,2003.

[41] Kondrat V K, Kozoderov V V. Remote sensing of the earth from space:atmospheric correction. Berlin;New York:Springer-Verlag, 1992.

[42] Sokhi B S. Remote sensing of urban environment. New Delhi: Manak Publications,1999.

[43] Schowengerdt Robert A. Remote sensing:models and methods for image processing. San Diego:Academic Press,1997.

[44] Kennie T J M, Matthews M C. Remote sensing in civil engineering. Glasgow:Surrey Univ. ,1985.

[45] John Wiley & Sons, LILLESAND T M, KIEFER R W AND CHIPMAN J W. Remote Sensing and Image Interpretation. Fifth ed. New York, NY, 2004.

[46] Norman Kerle, Lucas L F, Janssen Gerrit C. Huurneman, Principles of Remote Sensing , the Third edition,ITC teaching material.

[47] Goodchild M F. Citizens as voluntary sensors: Spatial data infrastructure in the world of web 2. 0. Int J Spat Data Infrastr Res, 2007, 2:24-32.

[48] Hu Q W. A new web-based geo-information service approach with digital measurable image toward direct virtual reality, the international archives of photogrammetry Remote Sens Spat Inf Sci, 2008, XXXVII, Part B4:739-744.

[49] Heng Chu and Weile Zhu. Fusion of IKONOS Satellite Imagery Using IHS Transform and Local Variation, IEEE Geosci. Remote Sens. Lett. , 2008, Vol.5(4):653-657.

[50] Choi M. A new intensity-hue-saturation fusion approach to image fusion with a tradeoff parameter, IEEE Trans. Geosci. Remote Sens. , 2006, Vol.44(6):1672-1682.

武汉大学学术丛书 书目

中国当代哲学问题探索
中国辩证法史稿（第一卷）
德国古典哲学逻辑进程（修订版）
毛泽东哲学分支学科研究
哲学研究方法论
改革开放的社会学研究
邓小平哲学研究
社会认识方法论
康德黑格尔哲学研究
人文社会科学哲学
中国共产党解放和发展生产力思想研究
思想政治教育有效性研究（第二版）
政治文明论
中国现代价值观的初生历程
精神动力论
广义政治论
中西文化分野的历史反思
第二次世界大战与战后欧洲一体化起源研究
哲学与美学问题
行为主义政治学方法论研究
政治现代化比较研究
调和与制衡
"跨越论"与落后国家经济发展道路
村民自治与宗族关系研究
中国特色社会主义基本问题研究
一种中道自由主义：托克维尔政治思想研究
社会转型与组织化调控
中国现阶段所有制结构及其变迁的理论与实证研究
战后美国对外经济制裁

国际经济法概论
国际私法
国际组织法
国际条约法
国际强行法与国际公共政策
比较外资法
比较民法学
犯罪通论
刑罚通论
中国刑事政策学
中国冲突法研究
中国与国际私法统一化进程（修订版）
比较宪法学
人民代表大会制度的理论与实践
国际民商新秩序的理论建构
中国涉外经济法律问题新探
良法论
国际私法（冲突法篇）（修订版）
比较刑法原理
担保物权法比较研究
澳门有组织犯罪研究
行政法基本原则研究
国际刑法学
遗传资源获取与惠益分享的法律问题研究
欧洲联盟法总论
民事诉讼辩论原则研究

当代西方经济学说（上、下）
唐代人口问题研究
非农化及城镇化理论与实践
马克思经济学手稿研究
西方利润理论研究
西方经济发展思想史
宏观市场营销研究
经济运行机制与宏观调控体系
三峡工程移民与库区发展研究
21世纪长江三峡库区的协调可持续发展
经济全球化条件下的世界金融危机研究
中国跨世纪的改革与发展
中国特色的社会保障道路探索
发展经济学的新发展
跨国公司海外直接投资研究
利益冲突与制度变迁
市场营销审计研究
以人为本的企业文化
路径依赖、管理哲理与第三种调节方式研究
中国劳动力流动与"三农"问题
新开放经济宏观经济学理论研究
关系结合方式与中间商自行为的关系研究
发达国家发展初期与当今发展中国家经济发展比较研究
旅游业、政府主导与公共营销

武汉大学学术丛书　书目

中日战争史（1931~1945）（修订版）
中苏外交关系研究（1931~1945）
汗简注释
国民军史
中国俸禄制度史
斯坦因所获吐鲁番文书研究
敦煌吐鲁番文书初探（二编）
十五十六世纪东西方历史初学集（续编）
清代军费研究
魏晋南北朝隋唐史三论
湖北考古发现与研究
德国资本主义发展史
法国文明史
李鸿章思想体系研究
唐长孺社会文化史论丛
殷墟文化研究
战时美国大战略与中国抗日战场（1941~1945年）
古代荆楚地理新探·续集
汉水中下游河道变迁与堤防
吐鲁番文书总目（日本收藏卷）
用典研究
《四库全书总目》编纂考
元代教育研究
中国实录体史学研究
分歧与协调
明清长江流域山区资源开发与环境演变
清代财政政策与货币政策研究
"封建"考论（第二版）
经济开发与环境变迁研究
中国华洋义赈救灾总会研究

随机分析学基础
流形的拓扑学
环论
近代鞅论
鞅与banach空间几何学
现代偏微分方程引论
算子函数论
随机分形引论
随机过程论
平面弹性复变方法（第二版）
光纤孤子理论基础
Banach空间结构理论
电磁波传播原理
计算固体物理学
电磁理论中的并矢格林函数
穆斯堡尔效应与晶格动力学
植物进化生物学
广义遗传学的探索
水稻雄性不育生物学
植物逆境细胞及生理学
输卵管生殖生理与临床
Agent和多Agent系统的设计与应用
因特网信息资源深层开发与利用研究
并行计算机程序设计导论
并行分布计算中的调度算法理论与设计
水文非线性系统理论与方法
拱坝CADC的理论与实践
河流水沙灾害及其防治
地球重力场逼近理论与中国2000似大地水准面的确定
碾压混凝土材料、结构与性能
喷射技术理论及应用
Dirichlet级数与随机Dirichlet级数的值分布
地下水的体视化研究
病毒分子生态学
解析函数边值问题（第二版）
工业测量
日本血吸虫超微结构
能动构造及其时间标度
基于内容的视频编码与传输控制技术
机载激光雷达测量技术理论与方法
相对论与相对论重力测量
水工钢闸门检测理论与实践
空间信息的尺度、不确定性与融合
基于序列图像的视觉检测理论与方法
城市遥感

文言小说高峰的回归
文坛是非辩
评康殷文字学
中国戏曲文化概论（修订版）
法国小说论
宋代女性文学
《古尊宿语要》代词助词研究
社会主义文艺学
文言小说审美发展史
海外汉学研究
《文心雕龙》义疏
选择·接受·转化
中国早期文化意识的嬗变（第一卷）
中国早期文化意识的嬗变（第二卷）
中国文学流派意识的发生和发展
汉语语义结构研究
明清词研究
新文学的版本批评
中国古代文论诗性特征研究
唐五代逐臣与贬谪文学研究
王蒙传论
教育格言论析
嘉靖前期诗坛研究（1522-1550）
清词话考述

中国印刷术的起源
现代情报学理论
信息经济学
中国古籍撰史
大众媒介的政治社会化功能
现代信息管理机制研究
科学信息交流研究
比较出版学
IRM-KM范式与情报学发展研究
公共信息资源的多元化管理